单独中的洞见

张方宇 著

四川文艺出版社

图书在版编目（CIP）数据

单独中的洞见/张方宇著. — 成都：四川文艺出版社，
2018.7（2019.3 重印）

ISBN 978-7-5411-4897-2

Ⅰ.①单… Ⅱ.①张… Ⅲ.①人生哲学 Ⅳ.① B821

中国版本图书馆 CIP 数据核字（2018）第 121224 号

DANDUZHONGDEDONGJIAN

单独中的洞见

张方宇 著

出 品 人	刘运东
特约监制	黄 琰
责任编辑	邓 敏
特约策划	关 尔
责任校对	汪 平
特约编辑	郑淑宁 苗玉佳
封面设计	程 然

出版发行　四川文艺出版社（成都市槐树街2号）
网　　址　www.scwys.com
电　　话　028-86259287（发行部）　028-86259303（编辑部）
传　　真　028-86259306

邮购地址　成都市槐树街2号四川文艺出版社邮购部　610031
印　　刷　三河市海新印务有限公司
成品尺寸　130mm×185mm　1/32
印　　张　9　　　　　　　　　字　数　150千字
版　　次　2018年7月第一版　　　印　次　2019年3月第三次印刷
书　　号　ISBN 978-7-5411-4897-2
定　　价　38.00元

目录
Contents

在单独中，人有一种完整，即使他孤独，那个孤独也有一种完整。在喧闹的关系中，一切都被撕裂了，即使原本那个完整的孤独也变得残缺不全。

真理常常极具颠覆性，尤其对于它所诞生的那个时代来说简直就像当头一棒，但对于它后面的时代，真理却是一根可以撬动它们的杠杆。

真正的创造力来自一个人内在的宁静和空寂，当所有的欲望、情绪和动机都消失，某种神圣的东西就进驻到他里面。这种创造力不指向任何目的，它只是对内在宁静和喜悦的一个庆祝和表达，它只是那个喜悦的能量的一种自娱自乐的方式。没有动机的创造力产生出最纯粹的艺术。

除了精神和灵性，人与人的其他差距只是大与小、多和少的区别，但他们仍然在同一水平面上。只有在精神和灵性的层面上，人与人之间才产生了垂直的落差。

因为看不到整体，我们仅能看到的那个局部就会自动地扩大和膨胀，直到它成为我们的整个世界。

卷一

生命的轮子一直在转动，所以我们感觉到自己在向前走，并且梦见自己去了这里或那里。但是当我们醒来的时候，却发现轮子并没有和地面接触，它只是在空转，所以，实际上我们一直都陷在原来的地方。

一、生命是一个故事吗？还是它只是一个事故？

也许从过程看，生命勉强算是一个故事，但从生命的整体和结局来看，它无疑更像是一个事故。

二、生命本来是一次内在成长的机会，我们却把生命完全转变成了一个持续的外在积累。我们把自己的生命逐渐转换成了一样一样的东西，把活的变成了死的，直到最后我们自己也变成死的。

三、你的世界是什么？它就是你的意识状态，你的意识状态就是你的世界。

四、看到纯净清澈的溪水我们会心生愉悦，而一条污秽的臭水沟却让我们感到厌烦。同样地，心灵的喜乐来源于内在的清晰和纯净，而苦恼来自内在的混乱和污浊。

五、我们在外部世界的活动越多，身上沾染的灰尘和脏东西就越多。有了这些灰尘和脏东西，你会感到很沉重，如此一来，你就无法活得轻盈、喜乐。

六、我们的灵魂想要做自己，但社会和周遭的环境不允许我们做自己，我们被给予了很多的责任和角色。当我们被这些责任所占据，当我们习惯了这些角色，我们就忘记了自己，并且再也做不回自己。

七、好的事情往往达不到我们的期望值，糟糕的事情却常常超出我们的预估。这倒不是命运之神故意地作弄我们，而是人性的一种固有倾向所产生出来的错觉。多数人都偏向于乐观，对于他们喜欢的东西以及希望发生的事情，他们会乐于敞开想象力的大门，反之，他们就会缩小自己的门缝。

八、我们人生的前半部分就像一个缓慢地向山上攀登的过程，迎着太阳，迎着希望。在人生的后半部分，我们开始从山上向下滑落，我们已经来到山的背面，太阳不再照耀我们，而且天色渐暗。

九、现实是无法让我们满意的，我们都活在对未来的憧憬中。所以，我们时常踮起脚尖，伸长脖子，对将来可能降临的好事翘首以待，但是这样的企盼除了让我们感到焦虑和疲惫以外，并不会有什么真正的事情发生。我们并没有离开地面，却又错过了地面的真实，我们活在对虚假目标的焦虑之中，整个生命都被浪费了。

一〇、空间上的距离创造出幻象，彩虹在天空中出现是因为我们与它在空间上的距离。如果你想上前抓住它，它就消失不见了，但正是在它消失的地方，你又看到了远处新的彩虹。

时间上的距离也同样创造出幻象，希望永远都是在未来，你必须隔着一段时间的距离才能够看到它，它就像彩虹一样只能在远处被看到，但你无法真正捕捉到它。

一一、我们觉得时间在流逝，其实是我们自己的生命在流逝，时间本身从来都没有动过，它一直在看着我们流逝。这就好像我们坐船的时候看到两岸在后退，但那是一种错觉。

一二、我们在这个世界上所获得的满足大都只是一种兴奋和刺激，它们是由外在的什么东西引起的，所以这样的满足短暂而肤浅，无法给我们的内在带来真实而持久的满足感，无法渗透到内在更深的层面。

一三、人都是从沉溺于什么当中获得一种快乐，而不是从自身的存在中感到快乐。

一四、快乐和痛苦主要不是来自我们已经拥有的东西，而是来自我们目前的状态所产生的变化。不管我们现在的处境是什么，时间一长我们就适应了，我们不会对此有特别的感觉。所以，一个富人不会因为自己的富有而时时处于快乐之中，一旦他损失了资产的十分之一，他倒要痛心疾首了。而一个穷人也不会整天活在愁眉苦脸当中，赢得一个小的赌局就足以让他兴高采烈。

一五、如果你放弃了诸多小的快乐，那么你将意外地收获大的快乐。只有那些轻蔑表面逸乐的人，才能达到内在深层次的喜悦。

一六、如果一个陷阱的尺寸足够大，里面又有足够的活动空间，甚至还有一些小游戏可以玩，那么它就不容易被认出来是个陷阱。

一七、生命的轮子一直在转动，所以我们感觉到自己在向前走，并且梦见自己去了这里或那里。但是当我们醒来的时候，却发现轮子并没有和地面接触，它只是在空转，所以，实际上我们一直都陷在原来的地方。

一八、我们热衷于到处游荡，但是无论去哪里，我们不都是带着自己去的吗？我们真的"出去"过吗？

只有那些极少数已经达到无我境界的人才真正地"出去"过，他们才是真正见过世面的人。而我们这些无法摆脱自我牢笼的人，不管到哪里看到的都只是牢笼里的景色。这景色只不过因为地理位置的变换而略微改变了形状和颜色，就像我们在玩赏万花筒时所发生的情形。

一九、最了不起的外出，并不是去北极那样遥远的地方，而是走出自我。

二〇、真正的浪漫应该是一种自我和意欲都不在场的境界。多数人的浪漫只是些肤浅而空洞的形式，真正的浪漫从未发生在他们的身上。只要有自我存在，就不可能有浪漫存在。所以，无我才是最大的浪漫。

二一、我们很少有机会真正地停下来享受生命本身。我们整个生命的过程更像一个连续的应急行动，我们必须随时消除那些威胁着我们生存的大小隐患。当我们好不容易有了一点闲暇的时间，我们又被自身的无聊和空虚所淹没，为了摆脱无聊的窒息感，我们像逃难一样逃到四面八方，寻求各种消遣和刺激。

二二、有的人在痛苦中麻醉自己，也有的人在痛苦中觉悟。其实，痛苦的全部价值就是要让一个人变得觉悟。

二三、一个人对孤独的害怕就是对他自己真实面目的害怕，一个害怕孤独的人永远无法真正地了解他自己。但是我们不想去了解自己，我们甚至害怕去了解自己。在孤独中，我们内在的某些真相会自己显露出来，那么我们花费一生构筑起来的那个自我的幻象就可能因此而垮掉。所以，为了继续维持幻象的真实性，我们也不得不对孤独时时加以防范。

二四、无论我们怎么努力，外在的东西都无法进入我们的内在。你可以弄一些玩具来消遣，但这些玩具永远无法成为你的一部分。只有那些能够成长为你内在品质的东西，对你来说才是安全的，你无须照看它们，它们永远不会丢失。

二五、世俗生活的本质就是琐碎和破碎，在这样的生活中，人无法把自己拼凑成一个整体。只有在精神和灵性的生活中，人才会体验到一种内在的完整。

二六、复杂而严酷的处境也许能够帮助一个人成长，但如果一直陷在里面没有出来，那就只是无谓的消耗了。

二七、不要对别人抱有什么期待，也不要试图去满足别人对你的期待。每个人都应该去实现他自己的命运。

二八、每个人都应该去超越自己，而不是去超越别人。因为每个人的路是不同的，不在同一条路上要怎么超越呢？

二九、正如每个人都有着自己独特的指纹，在这个世界上，每个人也必定有一条属于自己的独特的路，一条只有你能够走而别人无法走通的路。你的命运就是要去走完这条路，所以不需要左顾右盼，看看后面是否有人跟随，只有当你的前后左右都再也没有任何人，你才真正地走对了路。

三〇、一个转瞬即逝的生命，在永恒的存在面前要证明什么呢？一朵浮云，要向浩瀚无边的天空证明什么呢？

三一、有问题，就永远不会有答案，那么，没有问题本身也许就是答案。只有人带着很多的疑问和困惑活着。而存在本身并没有问题，它只有答案。

三二、人生是对幻象的一场永恒的追逐，同时也是对真相的一个永恒的逃遁。

三三、我们的人生就像一个慢慢鼓胀的气球，明明知道气球一定会在某个时候爆破，但我们还是不知不觉地给它充气，并且很高兴地看到它越来越大。

三四、生命意志需要在高潮中释放自己，它享受那个猛烈和激荡。为此，生命最大限度地追求展现，追求成功。

三五、希望其实就是生命，至少，希望在很大的程度上支撑了生命。人如果不做梦，就没有活下去的理由。

三六、人需要希望、幻想这些东西，这样他们才能在精神上与死亡抗衡。

三七、未来对我们来说是重要的，而且它必须是重要的——因为我们的过去已经失败并且无足轻重了，这样我们才能再次赋予自己以重要性。

三八、我们对时间的焦虑其实就是对死亡的焦虑。时间就像一条河流，它会自动地把河流中的我们带向死亡。

三九、时间让我们意识到生命本身的可悲，时间使我们产生了悲剧意识。

四〇、正如一个东西往往远观才美，很多平淡的事情唯有在回忆中才显得美好——一种时间上的远观。

四一、回忆——一个人的现在之我与过去之我的会晤。

四二、人都是喜爱远处的东西，而眼前的事物却让他感到索然无味，因为有距离才会有幻觉。所以，一个人真正喜爱的是自己的幻觉——一张自我设计的蓝图。

四三、没有什么事物是神秘的，只有距离才是神秘的。一切事物的神秘感，都要仰仗这个距离。

四四、距离本身具有奇妙的变焦作用，它使一个事物产生扭曲和变形，进而让人们产生出一种错觉。

四五、人所看到的一切，其实都只是时间和距离在变戏法。人一生都在不断地上距离的当，上陌生和神秘的当。

四六、远处的事物拓宽我们的视野，而眼前的事物，却常常扭曲和损害了我们的视力。

四七、有些事物，只有当它在我们眼中变小的时候，我们才能更清楚地看到它的价值。

四八、凡是肤浅的东西，很快就会让我们感到乏味和厌倦。人生的空虚、乏味和无意义，只不过是暗示了我们这种生活方式的肤浅。

四九、也许，人是作为一个问题而存在的。他就像一个无法被除尽的无理数，或者就像一个无法溶解于整体中的沉淀物。

五〇、生命可以像清澈的泉水那样地喷涌，也可以变成地上的一摊血。

五一、快乐的高度和悲伤的深度，即是生命的高度和深度。

五二、支撑人们活下去的两个主要动力：一个是被性的幻想所驱策，另一个是他们相信自己的将来会变得更好。

五三、总的来说，生活就是不断激起的一连串幻想，还有就是这些幻想的逐一破灭。

五四、我们在这个尘世中所追求的那些短暂而虚幻的幸福，后来大都被证明是引爆随后那漫长的不幸局面的导火索。

五五、每个人的个体性就像天上一朵云彩的形状，我们把那个形状固执地认作自己。但是，其实没有什么东西是真正属于我们自己的，一切都只是一种流动和改变，一切都只是整个存在的一场游戏。

五六、不管局部发生了什么，整体仍然完好无损。那么在整体的眼里，局部所发生的一切就只是一场梦。

五七、气泡和蜘蛛网在一定的光线下都呈现出色彩斑斓的样子。只是气泡太容易破裂，而蜘蛛网又太难以挣脱。人们在世上所热烈追逐的事物，大都具有这样两种特性。

五八、这个世界是一块银幕，我们内在的东西被投射在这块银幕上，由此我们看到了它们所产生的效果。然后，根据对这些效果的评估，我们可以决定是放弃它们还是继续保有它们。

五九、人生，就是我们内在本质的一个变现。一个人的命运本身，就包含着对他的判决。

六〇、一个明智的人最后会领悟到：他生命中所经历的一切都恰到好处。这与成功和失败无关，成功是他想要的，失败是他产生的。从自己产生的效果中去认识自己，也许，这就是人生真正的意义所在。

六一、正如我们孩童时期被要求做一些事情的时候，我们并不能完全领会大人的用意。同样地，我们生命中的每一种经历都自有其用意，只有当我们生命将要完结的时候，我们才会明白其奥妙。

六二、命运偶然把人们关在同一个笼子里，不过，当他们挣脱笼子后，他们还是奔向不同的方向。

六三、两个人本来是两条路，当这两条路会合在一起后，很可能就缠绕在一起形成了一个结构或一个旋涡，但路将从此湮灭。

六四、人一生都陷在与别人的戏剧之中，这使得他们很少有机会去触及那些更真实、更深邃以及更有价值的事情。

六五、多数人所寻求的安全感，实际上只是一种舒适的监禁。

六六、人通常不能直接感受到自由的存在，他只能在枷锁中间接地感觉到自由的缺失。

六七、人的前半生主要是做梦，后半生则回忆这些梦。年轻，就意味着还有足够的资本可以继续做梦。

六八、不做任何逃避地直面生命的真实进程，那是一种非凡的勇气。

六九、生命不只是逐渐变老而已，它也是一个走向内在成熟的机会。一个临终时仍然保持幼稚的人是可悲的。

七〇、人们在对外界事物的追逐中荒废了自己的内在，其恶果将在生命的后期阶段全面呈现和爆发。

七一、人生是一个需要我们用一生不断地去反省它的错误的过程。

七二、人们一生都在致力于收集各种各样的东西来装饰自己，以此要证明自己什么。

七三、就像有些人喜欢在风景名胜之处刻上自己的名字一样，人们也都想在这个世界的沙滩上留下自己永恒的脚印。

七四、人生是一个展示，同时也是一个掩饰。那些被展示的将逐渐衰弱和淡化，那些被掩饰的将逐渐强化和浓厚。最终，我们还是被我们一直在掩饰的东西所淹没。

七五、即便得到了我们朝思暮想的东西，它也不会让我们兴奋多久，很快地，我们就又会回到自己以前的老样子。

七六、已实现的东西对我们而言都已经死去了，只有那些未实现的目标对我们来说还活着，我们也为它们而活着。

七七、人在对外界事物的关注中耗散掉了自己的一生。如果他把同样的能量用来向内关注，本来是可以结晶起来的。

七八、不管这个外在的世界看起来怎样地精彩诱人，但它本质上仍然是一个荒漠，一个让人产生幻觉的海市蜃楼。我们内在的世界看似荒凉和空虚，但那里却是唯一可以变成绿洲的地方。

七九、动物主要是向下看、向前看，只有人才有向上看的机会。至少在精神上，人类可以飞翔，不然鸟类也高于人类。

八〇、当我们在追逐什么的时候，我们不要忘记死亡同时也在追赶我们。

八一、这个生活和人生并不具有绝对的价值，除非一个人能够通过它达成一个更高的东西。

八二、也许，这个世界就是为了让我们感到挫折而存在的。只有经历了人生的幻灭，才能超越人生。

八三、当我们完全了解了一样东西，它对于我们就变得没有意义了。意义的存在是因为我们对它还不甚了解。所以，当我们完全了解了这个人生，它对于我们就变得没有意义了。

八四、人生的意义——从发现人生的无意义开始。

八五、真正的成功是生命本身的成功，除此之外的其他成功仍然不足以弥补生命本身的失败。

八六、人生的过程总是有点滑稽的，而它的终局是悲凉的。就像马戏团小丑的滑稽，还有他谢幕后的悲凉。

八七、也许，人生唯一神圣和崇高的地方，就在于它最后以悲剧的方式收场。

八八、我们人生中每一次重大的变故，都像是一次急刹车，把我们从虚幻中摇醒。

八九、我们在人生中所经历的大大小小的挫折，其实都是在不断地帮助我们重新调整自己生命的航向，直到我们最终能够走上智慧之路。

九〇、很多问题无法解决，它只能被变小，它只能借着你的提升而变小。如果你试图去解决这些问题，那么，它将因为你的介入而变得更加庞大和更为复杂。

九一、无数的问题在这个世界上奔走和游荡，它们相互碰撞和摩擦。有时候，两个问题碰巧就彼此相互解决了。

九二、克服各种艰难险阻而获得自己想要的东西，这是成功；领悟人世间那些所谓幸福和快乐的虚幻性质，这是成熟。

九三、忙碌并不等于充实，成功也不等于成熟。

九四、人在思想和行动中丧失了自己，人生便错失于匆忙之中。

九五、只有当一个人从终点回到起点，他才会发现自己原来兜了一个大圈子。在这之前，他还固执地以为自己在前进、在进步。

九六、如果你对这个世界不满意，那么就努力地去超越你自己吧。

九七、如果你反对某个东西，离开它才是最彻底的方式。如果你去跟它争斗，那么你还是以某种方式跟它绞在一起。

九八、保持超然，恐怕是一个人活在世上最体面的方式了。

九九、人最终是要归零的，在这之前开始做减法是明智的，那是最好的适应性训练。

一〇〇、一个人迟早要从这个世界上消失，在这件事发生之前，他应该变得越来越柔软、越来越少，而不是变得越来越多、越来越硬。一个人最好在死亡抓住他之前，就自行遣散自己。

一〇一、人生真正的制高点不是站在成功的巅峰上，而是站在死亡的高度上。

一〇二、好像每个人都在等着将来，不管他现在已经拥有了什么，他总是觉得将来才会有更重要的事情出现。他的感觉是对的，死亡就是那件最重要的事。

一〇三、其实，一个人并没有什么真正的事情是需要他去负责的——除了他自己的死亡之外。

一〇四、人生就像是一场规定时间内的考试，死亡就是那个考官，而我们注定要交白卷。

一〇五、孤独和苦难使人深刻。也许，大自然或命运希望每个人都变得深刻一点，所以，一个人要么主动地进入孤独，要么就被动承受苦难。

一〇六、只有当外面世界的一切对一个人变得再也没有用了，他才会去看看他自己是怎么回事。只有当一个人再也没有兴趣向外寻求，他才会开始向内观照。

一〇七、一个向外寻求的人，不管他是否得到了他所追求的东西，最后他都会感到挫折。因为，他真正想要的东西并不是一个客体，而是自己内在的一种状态。

一〇八、即便我们终于等来了一个渴望已久的结果，它也总是在一个不恰当的时候才姗姗来迟。

一〇九、不管我们为改善自己的未来付出了怎样艰辛的努力，但实际上，我们的人生还是每况愈下。

一一〇、一个人终归会对自己的人生感到失望，他所有的希望，都只是延缓了这个失望的产生。

一一一、人以他所拥有的一切构筑了自己的迷宫，并迷失于其中。

一一二、一个人外在的积累，并不足以封堵生命本身的流逝。

一一三、得到一样东西总是让我们感到兴奋，但兴奋中也夹杂着一些紧张；失去一样东西总是让我们感到失落，但失落中也有一丝轻松。

一一四、一个人失去的东西越多，他就越接近于他自己。一个人失去了多少身外之物，他就得到了多少他的本质存在。一个人所拥有的东西，就是他与他自己之间的唯一障碍。

一一五、当我们失去什么的时候，我们同时也给自己腾出了一点空间；至于平时，我们一直都被满满地占据着。那就是为什么失去一样东西永远都比得到一样东西更耐人寻味，因为我们回味的正是那个空缺，而那个空缺就是我们的本质存在。

一一六、在这个世界的戏剧舞台上，没有一个人是以自己的真实面目出演的。所以，并没有所谓的胜利者和失败者，只有执迷者和超脱者。一个超脱的失败者远胜于一个执迷的胜利者。

一一七、每一条岔路都吸引着我们的好奇心，每一条岔路的终点也都是死胡同。但谁又能够不走岔路呢？

一一八、世界很广阔。但我们的人生，却只能从一条晦暗而狭窄的隧道中穿过。

一一九、世人都是过路者，也是迷失者。所以没有必要向别人问路，即使路的本身，也比别人那里对我们有更多的指引。

一二〇、外在的迷路可以询问他人，内在的迷路又要向谁询问？一个人只要沉静下来，自会有内在的指引。

一二一、天下没有不散的宴席。不过，只要一个人跟他自己没有走散，就没什么可担心的。

一二二、通常，我们在漂泊中才会更清醒地意识到自己的存在，那是有点沧桑和悲怆的感觉。不过，我们喜欢那种感觉。

一二三、旅行可以增长一些见闻，但旅行终归不会给予一个人太深刻的启发。

一二四、穿着一双破旧的鞋子，一个人无法走上新路，破旧的鞋子只认识老路。

一二五、当一个人掉进了一个陷阱，几番努力没有挣扎出去后，他就索性在这里安了家。

一二六、生命是一种误入歧途的状态。也只有通过这种方式，生命才会了解它自己。

一二七、作为我们的一个对照物而存在，也许才是这个世界的真正意义。所以我们不要一味地向外看，而更要向内看；我们不要一直向前看，而更要回头看。

一二八、大自然是一个谜，但它更是一面镜子，大自然希望人类透过这面自然之镜去破解自己。

一二九、当一个火把快速旋转，那看上去好像是一个固定的光圈。与此类似，我们一直忙碌，维持一种高速运转的状态，我们不能忍受孤独和完全静止下来的状态，那也许只是为了维护一种幻象的存在吧。

一三〇、人已经习惯于紧张，以至于不紧张对他来说也成了另一种形式的紧张。

一三一、如果把人一生中各阶段的照片加以对比，似乎给我们这样的感觉：人生就像一个慢性中毒的过程，也是一个逐渐硬化的过程。

一三二、人是一种主动性，他活在一个做的世界、行动的世界，他完全不习惯于被动的方式。但主动性的世界是紧张和狭隘的，这里充满了竞争。被动性的世界是放松的，这里无限宽广。孤独、无为就是被动性，死亡更是被动性的极致。

一三三、所有的竞争，最后都可以归结为与自己的竞争。

一三四、存在是一种放松和无为的状态，而我们的生命是一种紧张、一种想要成为什么的努力，我们因为没有领悟存在的本性而不能与之相适应。这就犹如一个不习水性的人落水后对水的抗拒与挣扎，以至于最后沉入水中溺死。这差不多就是我们一生的写照。

一三五、人生就像一个陷阱，一个人越是在里面扑腾，就越是深陷其中。

一三六、所有的努力，从本质上说都是一种挣扎。放松，是返璞归真的唯一方式。

一三七、人们常常因为不必要的主动性而陷入被动之中，因为"不必要"，从而导致了"不得不"。

一三八、一般而言，人并不知道自己在做什么。当他知道了，他就不会去做。

一三九、知道就是存在，不知道就是不存在。人以一种昏睡的状态活着，他思考，他行动，但他并不知道，所以他近乎不存在。

卷二

一个已经征服自己的人不会想去支配别人，一个能够改变自己的人不会有兴趣去改变外面的世界。当一个人的内在改变了，围绕着他的世界就改变了，因为外在的世界只是我们内在世界的延伸，在不同人的眼里，世界是不同的。

一、人性尽管以各种方式表现出来，但它最基本的特质就是躁动。每个人都不同程度地向外散发着自己的不安，如果说灰尘的脏是物质性的，那么人的肮脏则是精神性的，并且带着巨大的放射性和传染性。

二、对很多人来说，爱一个人也好，恨一个人也好，他们所能贡献出来的就只是自己内在的疯狂而已。

三、真正的平庸并不是在社会上无所成就的那种平庸，而是精神和灵性上的空泛，一种内在的荒芜。

四、宁可在物质上贫穷，也不要在精神上平庸。物质上的贫穷就像体外伤，可以医治。精神上的平庸则犹如伴随人一生的慢性恶疾，极难治愈。

五、即使平庸也不是一种很稳定的品性，平庸很容易滑向恶意甚至恶毒。所以那些满足于平庸的人，要小心地滑！

六、这个世界对平庸有无限的宽容。

七、通俗——每个人对粗俗的东西都是无师自通的。这个世界上，粗俗远比高雅更具有亲和力，卑劣也比高尚更能够把人与人紧密地联结在一起。

八、轻易地承诺，让我们不是背叛自己的声誉就是背叛自己的能力。

九、人一生当中都一直在背叛什么人，要么是别人，要么是自己。

一〇、在强横和暴虐面前，人们因为恐惧而沉默。在真理和智慧面前，人们又因为自惭形秽而沉默。

一一、骄傲通常与一个人内在的精神品质有关，而虚荣往往伴随着一个人外在的物质占有而产生。骄傲是拥有一种内在的高度，但这种隐性的高度不会为别人所见。而虚荣是试图通过外在的堆积和展示建立起一种高度，为的是让每个人都看到它。

所以，一个骄傲的人已经不需要再去追求虚荣，而一个追求虚荣的人，通常其自身并没有什么引以为傲的品质。

一二、只有一个拥有自己独特高度的人才能够坦然地面对自己的缺陷。他不会去隐藏这些缺陷，他或许还会有意地暴露它们，因为这些缺陷并没有降低他的高度，甚至那些缺陷也是他整体高度的一部分。

一三、骄傲的基础是内在的自信，而虚荣则是内在自卑的产物，虚荣是一种想要弥补或掩盖内在自卑的努力。

骄傲的人通常都是沉默寡言的，这种沉默源自他与别人的距离感，而虚荣的人总是在喋喋不休地向别人展示他的自我。

一四、一个内在有着卓越禀赋的人，才会有真正的骄傲，这样的人已经超越了世俗的虚荣心。

一五、骄傲来自一个人对自己的内在自性的深刻领悟以及由此产生的信任。

一六、因为没有内在的光，人们才会格外强调和重视外在的光。所以，每个人都致力于把自己弄得金光闪闪的，并且最好能够把别人晃得头晕眼花。

一七、品性越是低劣的人就越是倾向于以贬损他人为乐。因为当他贬损别人的时候，他会觉得自己是比别人强的，至少在那一刻他享受着一种居高临下的感觉。一个品性过于低劣的人，除了以这种方式去感觉自己的好以外，实在也找不出其他方式可以感觉到自己的优越。

一八、每个人都像一座山，而他的自我就盘踞在山顶之上。尽管山有高有低，但自我永远都是朝下看的，即使盘踞在一座小坟头上的自我也是这样向下俯视的，所以，每个人都觉得自己已经是最高的了。

一九、蔑视和贬低包括真理在内的一切事物，能够让一个人获得一种虚拟的高度。

二〇、一个习惯于欺骗别人的人也会开始骗自己的，而且最后一定会把自己骗得很惨。当欺骗已经变成了一种惯性和本能，就分不清别人和自己了。

二一、人们常常因为别人与他们有所不同而对别人怀有敌意。

二二、如果一个人对自己的同类完全失望，那么这个人就有希望！对人性完全失望，也许正是一个人追求神圣事物的开始。

二三、我们因为无聊而制造出一些头绪，然后我们就可以抓住点什么，然后我们就可以被它们牵着走。

二四、人从根本上最相信的是自己，所以每个人都有点自大狂。但人最不相信的也是自己，因为他们甚至无法简简单单地和自己在一起。

二五、我们常常忽视朋友的缺点，我们也常常无视敌人的优点。因为朋友比较像自己，而敌人比较像别人。

二六、与一个事物的距离产生出想要接近和了解它的冲动。没有了这个距离，也就没有了这个冲动。

二七、人们因为敌意而疏远，人们也因为距离太近而日久生变，滋生敌意。

二八、多数人表面上都比较谦逊，至少他们在口头上还是比较谦虚的。不过，他们都不露声色地布置着自己的展台，他们都默默地把自己的展品逐一陈列出来。

二九、人们的外表只是一个展示的橱窗，他们的内在才是真正的仓库。

三〇、有推动的力量，也有阻碍的力量。我们大都不具备推动的力量，因为那需要一种品质，甚至还需要一点创造力。但我们具有阻碍的力量，只有当我们对什么东西产生阻力的时候，我们才会感觉到自己的力量，就像横卧在激流中间的一块岩石。人们喜欢对抗和争斗，因为那样我们才更加感觉到自己的存在。

三一、在自我控制方面，人们往往表现得非常无能，但在控制和支配别人这方面，人们又表现得相当强悍。

三二、支配别人是一种罪恶，被别人支配是一种不幸。一个同时摆脱了这两种境况的人是世界上最幸运的人。

三三、贪婪、憎恨和嫉妒等所有这些负面情绪都会让人陷入一种自我封闭的状态，这种封闭本身就是牢狱之灾。

三四、人只有在喜悦中才会有创造性，在烦恼和痛苦中，只会产生摧毁和破坏的冲动。

三五、如果一个人无法产生创造力，那么他就只能继续百无聊赖地玩他的积木游戏了。

三六、人们在大的事情和大的方向上非常愚昧，但是在小事情和细节上却相当精明。我们自认为聪明的地方，往往隐藏着我们最大的愚蠢。

三七、正如一个女人的美貌几乎可以掩盖她所有其他的缺点，一个男人的富有也具有同样的效果。

三八、当一个人在享乐中感到悲观，那么这种悲观就有了一种不同寻常的深度。

三九、真正的乐观主义是从悲观主义走出来的乐观主义，没有经历过深度悲观的乐观主义是脆弱的、不堪一击的。

四〇、人们亲近他们喜欢的东西，人们也疏远他们尊敬的东西。尊敬，往往就意味着难以亲近。

四一、被人忽视的另一面，就是幸运地避开了别人的打扰。

四二、与人们面临困苦时所表现出来的沉着和坚忍相比，突如其来的好运反而更让他们不知所措。也许，人在本质上更能够承受痛苦而不是承受欢乐。

四三、嫉妒是对一个人拥有的不可剥夺的优越品质所产生的憎恨。所以，由嫉妒产生出来的恨意常常比一般的怨恨更难消除，因为，怨恨有可能是出于误解，但嫉妒里面没有误解。

四四、当我们被一个优越于我们的人看不起时，我们就会憎恨那个人。嫉妒里面就含有这种成分，我们嫉妒某个人是因为他远远地优越于我们，所以我们担心被那个人轻视。就这个角度来说，嫉妒就是预支出来的恨，就像提前接种的疫苗一样。

四五、和优越的东西在一起，你会感觉到自己的低劣；和低劣的东西在一起，你会感觉到自己的优越。人内在的潜意识总是倾向于与比自己低的东西在一起，而排斥优越于自己的东西。那就是为什么我们很多人一直排斥高雅艺术，排斥古典音乐，排斥人类精神领域中一切伟大和卓越的事物。

四六、对有些人来说，他们的全部优点就在于他们成功地隐藏了自己的所有缺点，并且在礼仪和待人接物方面表现得无懈可击。

四七、如果你喜欢一个东西，你说不出为什么，你就是喜欢。但如果你不喜欢一个东西，你就会有很多个为什么。

四八、追求完美意味着不留余地，将自己置于极端，因为只有来到极端才算完美，这是一种非常贪婪的心理。但是，所有的极端都是悬崖的边缘。一个追求完美的人基本上是个数学家，他计算得很精确，他计划跑到悬崖的边缘就正好停住，这样就完美地实现了利益的最大化。但他不是物理学家，他漏算了惯性，所以他就只好掉下去了。

四九、不要试图寻求别人的尊敬和赞美，尊敬总有变为轻蔑的那一刻，赞美总会有转化为毁谤的一天。

五〇、人们的赞美总是显得迟疑，而他们的嘲笑却几乎是出于本能。

五一、当别人嘲笑我们的时候，我们就嘲笑他们的嘲笑。

五二、嘲笑，可能出自优越感，但更可能是出自自卑。

五三、对于别人那些不会引起我们嫉妒的一般成就，我们常常不惜溢美之词地大声叫好，因为我们清楚地知道那些赞美是不值钱的。但对于别人真正的优越之处，我们却保持缄默。

五四、恭维就像搔痒，只要部位吃得准，被恭维的人无不感到惬意和陶醉。

五五、每个人都不妨适当地赞美一下自己——只要他是以一种谐谑的方式，那么没有人会对此反感。

五六、人们不是喜欢评论别人就是喜欢给予别人建议，这两种方式都让他们产生一种优越感。当我们评论别人，我们充当了类似于法官的角色；当我们给予别人建议，我们则充当了一个巫师或预言家的角色。

五七、对于自己欠缺的东西或能力，人们常常会竭力地贬损它，贬损它是为了证明我们不屑于拥有它。

五八、人如果没有自我，也就不需要谦虚。因为自我是丑陋的，所以才需要用谦虚来稍微修饰一下。

五九、谦虚只是傲慢崭露头角之前的一个简短的开场白。

六〇、展示的另一面就是掩饰。当我们向别人展示自己美丽一面的时候，我们原本想要遮掩的丑陋一面却常常在不经意间门洞大开，总会有意外发生，谁知道呢？

六一、越是肤浅的东西就越是想要引起人们的注意，但注意力本身也同样肤浅。

六二、好像每个人都勉为其难地摆出某种造型，等待着别人的检阅。女人是 T 型台，男人是展销会。

六三、正如一个失意的人常常在别人面前述说他以前的辉煌经历，一个得志的人也总是向别人谈起他以前的艰苦辛酸。

六四、当一个人不肯当面给予我们好评，我们就常常把别人对我们的好评说给他听，以此启发他。

六五、炫耀是虚荣心的常规表现，吹牛是虚荣心的极端做法。

六六、不要炫耀你自己，那是对别人的一种无形的冒犯，别人对你的感觉不会好。

六七、追求物质上的奢侈，是多数人显示自己不平凡和优越感的唯一方式。

六八、外在的奢侈只是掩饰内在贫瘠的一个诡计。当一个人有了内在的丰富，他就无意再去追求外在的奢侈。

六九、当一个人欠缺高度，他就会去追求宽度，并且幻想着可以把它直立起来变成高度。

七○、奢侈是表现在物质层面的一种权力欲。其表达方式是：在别人面前炫耀自己物质上的优越感，以此来微妙地折磨别人。

七一、过去留下的心理创伤，就像是活在一个人头脑记忆中的鬼魂，它们时不时就会出来闹鬼。

七二、悲伤中并非没有甜蜜的成分，正如快乐中并非没有苦涩的成分。当悲伤的伤口开始结痂后，人们便时常忘情地抚弄这个伤口，就好像那已经成了一种享受。

七三、当一件好事变得让人过于兴奋，那么它实际上已经变成了一个烦恼。

七四、人被自己的思想所折磨，因为在我们的思想中，除了种种的渴望和焦虑之外，很少还会有其他的东西。思想就是一个人的紧箍咒。

七五、我们思考一件事是因为我们对它抱有某种期望，我们希望它以符合我们愿望的方式发生。一般而言，人的思考就是欲望在头脑里的运作过程——一种内在的彩排。

七六、思想就是在一个由文字和语言构成的虚幻世界里漫游，思考是最伟大的梦游。如果说动物生活在森林和草丛中，那么人类则完全活在一个文字丛林里。

七七、人都是喜爱虚幻的东西而非现实的东西。因为，现实的东西经不起推敲而虚幻的东西没法推敲。

七八、人通常为潜在的各种可能性而激动，而已有的现实性只是让人乏味。

七九、人们在他们喜爱的东西上面添加了多少自己的想象啊！换一种说法，事情只有在人们的想象中才是美好的，那就是为什么人总是片刻不停地在想。

八○、有些所谓的忠诚，就是寄居蟹在离弃自己居所之前所抱持的心态。

八一、当我们嫉妒别人，就等于我们暗地里已经承认了他相对于我们的优越。嫉妒拒绝赞扬，但实际它是一种隐性的赞扬。

八二、一个人最容易遭人嫉妒的，莫过于他身上那些被异性青睐的特质。

八三、其他的痛苦还可以向别人倾诉，唯有嫉妒产生的痛苦难以启齿。

八四、较低的总是想要干预较高的，因为它无法理解那较高的而深深地被打扰。而较高的对于较低的，却是一种放任自流的态度。

八五、一个对自己真正自信的人，不太会去注意别人的事情。

八六、美很少会去关心丑，它只专注于自己。相反，丑却对自己周围的美非常警惕，并且尽其所能地扼杀它们。

八七、美丽一般都会保持自己的矜持，丑陋则容易变成破罐子破摔。

八八、人们倾向于相信别人那里所发生的坏事，却乐观地相信他们自己会遇到一些好事。我们谈论别人坏事的兴致，并不低于吹嘘自己好事的兴致。

八九、人们喜欢听说一些丑闻，唯有如此，他们对于自己的感觉才会好一点。

九〇、每个人都是他自身品质的直接受益者或受害者。多数情况下，人都是因为自身的低劣而受苦。所以，向外寻求依赖和占有终归徒劳，自身品质的提升是唯一的解救之道。

九一、了解产生失望，越了解就越是失望。我们对于一个人的好感，很少会随着对他了解的加深而加深。

九二、当我们看到别人因为我们而痛苦，我们便感觉到了自己的力量和优越感，这种快感形成了一个人的残忍。

九三、恨的态度终究是一种去争斗、去获取的姿态。

九四、每一次的憎恨和愤怒都是一次淬火，使一个人变得更加坚硬。

九五、我们的厌恶感常常比我们的喜好更加持久，我们对什么东西的喜好有时候还会疲劳，但厌恶感是不会疲倦的，它是一种更深的东西。

九六、一个人最崇拜什么样的人，就说明了他最希望成为什么样的人。由此，我们也就大致知道了他是什么样的人。你就是你所喜欢的东西。

九七、人们常常在自己的虚伪中适当地添加真诚的作料，这使得我们真假难辨。即使是一个骗子，当他导演自己的骗局时，其表现也是非常真诚的。

九八、精明其实是欲望的一种误算，因为它所造成的最终结果往往是因小失大，甚至是适得其反。

九九、凡是诱人的东西，就是不可能的东西。但是，它却给人以最可能的假象。

一〇〇、诱惑，常常让人的理智发生短路。很多陷阱，它们的外观看起来好像是一个难得的机遇。

一〇一、焦急和慌乱使人们失去审慎，从而让他们更容易掉进各种陷阱中，并且陷入比这之前更糟糕的境况。

一〇二、虚假和错误的东西好像更令人感到舒适，因为它们与我们内在的人性更加相应。

一〇三、除非我们自己的错误已经清晰和庞大到把我们逼入绝境，否则没有人愿意承认自己的错误，在这之前，我们还曾经那样小心地维护它并且百般地为它辩解。

一〇四、没有比放弃一个我们喂养多年的错误更加困难的，因为我们已经与它血脉相连；也没有比丢弃一个真理更加容易的，因为我们只是谈论它但我们的生命从未真正地涉入它。

一〇五、由我们自己主动地去结束一个错误，远好于我们被动地被一个错误所结束。

一〇六、如果我们无法从自己拥有的智慧中感到快乐，那么，再也没有比看到别人的愚蠢更能让我们开心的了。

一〇七、从热情到暴力，其实只有一步之遥。

一〇八、在自己喜爱和擅长的领域被别人所需要，是相当惬意的一件事。所以，人除了种种需要之外，还有一种特殊的需要——被需之需。

一〇九、人们很少能够真正地理解什么，或者他们很少会费心去理解什么，他们随意地论断任何事情。而论断，其本身就是一种自我宣泄的方式。

一一〇、误解也是一种理解，以误解的方式理解。不见也是一种见，见到了不见。

一一一、多数的好奇心都是肤浅的，它主要源自无聊和空虚。一个人如果始终对客体感到好奇，那么他就还没有摆脱孩子般的幼稚。

一一二、每个人都对自己感到不同程度的厌倦，但对别人仍然是兴趣盎然。

一一三、人们有兴趣去窥探别人的隐私，却无意去探究自己的真实身份。人们都在忙着追逐各种感官刺激，却没有人想去激活自己的灵魂。

一一四、人们通常羞于向别人坦诚地敞开自己。因为，他的优越之处别人视而不见，相反，他的缺陷将成为供人娱乐的靶子，暴露在别人的射程之内。

一一五、当我们的精神不想受打扰时，我们就乐于重温自己熟悉的事物，以此抚慰我们动荡的心灵。当我们对自己感到厌倦时，我们就渴望接触一些新的东西，以此激发我们的活力。

一一六、这个世界上其实并没有多少新鲜事，只有不断重复、换汤不换药的大惊小怪。

一一七、没有智慧的人，必然对世界上的那些琐碎之事感兴趣，而且他们总是一惊一乍的，智者对此则不屑一顾。

一一八、真正的叛逆，是一个人完全遵从内在的指引，而非外在的刻意所为。

一一九、一个人被激怒后会卑劣到什么程度，是他内在品性和修养的最真实反应。

一二〇、人性中诸多的恶劣品质，在相互的冲突与摩擦中变得更加锋利，更具有杀伤性。

一二一、一个人的习惯就像那些统治者，它有着自己的既得利益。尽管它也知道自己的种种危害，但这并不意味着它会轻易地让出自己的地位。

一二二、我们从对别人的抨击中得到一种优越感。这种优越感，对自己是一种暗示，对别人是一种显示。

一二三、人的感情主要来自欲望，感情其实就是欲望的一种心情。而智慧几乎是不带感情色彩的，但智慧本身却隐含着慈悲。

一二四、不幸之人，通常从比他更不幸的人那里得到安慰。没有比别人的不幸更能安慰我们的了，也没有比谈论别人的不幸更让我们感到惬意的了。

一二五、当一群被关在牢笼中的人看到外面有一个人在自由游荡，你以为他们会向那个人求救以帮助他们逃出牢笼吗？不！他们恨不得把他也抓进笼子里。

一二六、拥挤是残忍的，它是一种自相残杀。天堂的门口绝不可能出现排长队和拥挤的现象。如果此处排起了长队，那么这里肯定不是天堂；如果此处产生了拥挤，那么这些人肯定不配进天堂。

一二七、从贪婪的眼神里，我们总是能够同时看到一丝凶光。一个人贪婪到什么程度，他通常也会凶狠到什么程度。

一二八、笑是人类对严肃生活的反抗。

一二九、人类的笑，通常都是因为被突然出现的荒诞场景所触发。因为我们平时活得如此严肃和一本正经，当这种严肃不经意间露出马脚或人们的假正经突然被揭穿，那么整个场景就变得非常荒诞，于是笑就被触发了。

一三〇、在所有让我们发笑的东西中，幽默是最不做作、最自然的。

一三一、恐怕没有比幽默更能体现出一个人的整体素质了。而且，幽默几乎就是一种天生的禀赋。

一三二、男人的幽默，是唯一能够与女人的优雅相匹敌的品质。

一三三、与强力的命运相比，人在各方面都居于下风。只有幽默是例外，唯有它能够调侃命运。

一三四、一个人内在的品位，可以从他喜欢讲什么类型的笑话而得到一定的反映。

一三五、幽默需要极大的智慧。当一个人对整体有了很深的领悟，他才会具有幽默感。因为只有这样的人才能够时时摆脱狭隘的自我，站在更高的立足点并以更广阔的视野去看待事物，从而看到事物有趣的一面。与之相比，滑稽是不需要智慧的，它只要愚蠢就足够了。

一三六、那些以自我为中心的人都是非常严肃的，而幽默的人却不怎么把他的自我当作一回事。当一切都围绕着自我来思考，就会产生狭隘，那个狭隘就是严肃。如果从自我那里跳开，站在别处的高地再回头审视那个自我，就产生了幽默。

一个严肃的人不可能对别人慈悲，而一个幽默的人不可能对别人暴虐。

一三七、如果说诗歌、艺术和音乐是智慧创造出来的美，那么幽默就是智慧的自娱自乐，那是智慧放松自己的一种极好的方式。

一三八、讽刺和幽默有微妙的不同，两者都是对意欲的调侃和捉弄，但它们却有恶意和善意之分。讽刺中尽管有一点智慧在里面，但它自己本身也带着意欲和情绪，它基本上是恶意的，所以，讽刺不仅让它的对象羞愧还使整个场面气氛紧张。相反，幽默的智慧里不带着情绪，它是轻松和善意的，被调侃的对象——有时就是它自己——不仅保住了面子，它甚至还笑了。

一三九、假笑至少有两种，一是赔笑，二是苦笑。赔笑是尴尬的笑，如果不笑就会更加尴尬，所以不得不笑。当一个人发觉自己的可笑，本想放声大笑，却突然觉知到嘲笑的对象是自己，于是那个笑就变成了苦笑。

一四〇、那些被人们当作茶余饭后谈资的事情，其悲哀在于它们只是充当了人们吃饱后剔牙的牙签或擦嘴的纸巾。

一四一、我们对别人喋喋不休地指责，无非是为了借此抬高自己。这就像火箭持续地喷出火焰，然后借着这个反冲力升空一样。

一四二、对别人施以恶毒的谩骂与粗鲁的暴力行为，都是一个人无法抑制自己内在的卑劣品性而迸发出来的结果。这与一个人控制不住自己的身体而导致生理失禁的情形没有什么两样。

一四三、人们对一个事物的猛烈抨击，往往并没有反映出他们的判断力，倒是更显示出他们的内在尚有很多余怒未消。

一四四、那些猛烈地抨击和揭露别人的人，常常最先暴露了自己。

一四五、恶人先告状——这是恶人的小聪明。他们以为只要先抢占了有利地形，便能够先发制人，变被动为主动。

一四六、一个人内在的道德良心，通常比社会的道德观念更能正确地判断一件事。

一四七、多数人都害怕与别人不同，但生命并不仅仅只是一个齐步走、团体操或大合唱。

一四八、在权力和智慧这两者之间，世人无疑更崇拜权力。即便一只屎壳郎，只要它能爬进珠宝盒里坐定，它就有资格要求人们把它当黑珍珠来供奉，这就是很多人对权力和官位孜孜以求的原因。

一四九、善是一种纯净，它不担心被榨取，只怕被污染。

一五〇、人们在行善时总是比他们在作恶时更迟疑不决。

一五一、有些人偶尔才会在特定气氛的感染下施以善行，就像他们偶尔才会挥霍一次钱财一样。

一五二、在通往利益的方向上，即便是旁门左道，也已经人满为患。

一五三、孩子的单纯可爱，就在于他们游戏的人生态度，或者说他们还没有形成一个人生态度。

一五四、生命是一种自由的奔放，不过，一旦这种奔放被自我意识所主宰，那么它就变成了猖狂。

一五五、关心别人对我们的评价是我们的天性，这就好像我们在每个别人那里栽种下一个自我，很自然地，我们会关心它们长得怎么样了。

一五六、不在别人背后谈论别人是一件很了不起的事，但比这更了不起的是不在别人面前谈论自己。

一五七、人们憎恨任何触犯到他优越感的东西——亦即使他们原有的优越感相形见绌的东西。

一五八、别人的东西再好，那也是别人的。人乐于玩味自己的一切而胜于其他一切。

一五九、每个人都觉得自己很特别，这是一个很普遍的现象。

一六〇、就像一个国家陷入战争期间公众的爱国热情更容易被激发一样，我们在与别人的冲突和争斗中，也更容易强化对自己的认同感，从而进一步加深对自我的执着。

一六一、人的自我就像一个跳梁小丑，除了它自己在兴致勃勃地表演外，其他每一个人都在看它的笑话。

一六二、人们把别人对他的看法和评价收集在一起，合成了一本自我的相册。

一六三、我们对别人的关心，其实只是我们关注自己的一种间接方式。因为人没有能力去直接关注自己。

一六四、自我是貌似谦虚的自大，真理看似自大，其实它只是客观地陈述事实而已。自我和真理，它们彼此都感觉到对方的自大。

一六五、自我是一种封闭，一种紧张；无我是一种打开，一种放松。打开自我，才能与真实会合。否则，我们将一直被封闭在自我的虚假中。

卷三

一个人只有与他自己相处的时候才是单纯和真实的。如果一个人和其他人相处，无论怎样他都会失去大部分的自己，他必须压抑自己的真实感觉去迎合别人。所以，社会交往是人虚伪的开端。

一、社会关系和人际交往的一个很隐蔽的害处，就在于它们削弱了一个人与大自然的联系，也阻碍了他与神圣事物的联系。与人走得近了，与那些真实的东西就疏离了。

二、人与人的交往主要都是意欲和意欲之间的交往。因为只要我们与别人发生关联，我们的意欲就会涉入，我们的自我就会涉入，从而引起内在的骚动，而意欲的骚动，无论其中间的过程是如何的跌宕起伏，它最终所带来的无非就是苦恼。所以，关系也许能够带来其他很多东西，但很少会带给我们心灵的平静。

三、人在世上所遭遇的最大陷阱，恐怕就是别人了。人际交往为我们提供了各种各样的陷阱。有明的，也有暗的；有立竿见影的，也有将来才逐渐产生恶果的。

四、别人是一个可以让我们避开自己的东西。当我们看着别人，我们就不需要再去看着我们自己。每一种关系都为我们提供了一条叛逃自己的路。

五、我们为什么要贸然闯入别人的世界或卷入另一个人的生活——如果他自己也是从那里逃出来的话。

六、一个人只有与他自己相处的时候才是单纯和真实的。如果一个人和其他人相处，无论怎样他都会失去大部分的自己，他必须压抑自己的真实感觉去迎合别人。所以，社会交往是人虚伪的开端。

七、关系是连接两个人之间的纽带，但这根纽带也时常会变成一根相互挥舞的皮鞭，让关系中的两个人都饱受精神上的皮肉之苦。

八、复杂的人际关系以及频繁的社会交往，将会使一个人逐渐失去敏感度，并且在精神上变得越来越迟钝。

九、每一种关系都迫使我们进行一番自我调整，频繁地调整使每个人都失去了自己的重心。

一〇、如果两个涟漪在池塘相遇，那么就产生了干扰和紊乱，它们原来各自的清晰波纹将不复存在。同样地，关系的一个弊端是它阻碍了一个人对于自己的认识。关系制造出来的烟雾模糊了一切，使得我们弄不清哪些东西是自己产生出来的，哪些是别人的，一切都变得纠缠不清。

一一、人与人的交往，牵扯到如何把重心调整到同样高度的问题，然后才会产生共振。当内在品质高低不同的人在一起时，重心低的人无法提升自己，而重心高的人，如果他甘愿把自己扭曲成某种形状是可以把重心降下来的，但这并不是他的常态。所以这种交往不可能让他感到惬意，因为他不能够以自己的本色呈现自己。

一二、每个人都以自己为尺度和标准在衡量别人。当我们与别人在一起的时候，随便什么人都可以把他对于我们的价值判断强加在我们身上，而且我们还不得不忍受他们由此而引发的态度和行为。所以，人与人之间的误解以及由此造成的心理压抑已经成了一种常态。

一三、有时候，复杂的人际关系就如同一团乱麻，当你好不容易弄直了这根线，另一根线却因此而打结。很多人一生都在梳理这团乱麻，结果什么都没有梳理出来，自己反而被编织进去成为一个死结。

一四、如果我们和别人涉入得过深，就会产生很深的依赖，甚至发生粘连。当我们不得不结束这段关系的时候，就产生了血肉模糊的状况，就像动了一次大的外科手术那样元气大伤。但很少有人能够从中汲取教训，没有等伤口愈合多久，人们又对各种关系趋之若鹜了。

一五、当我们努力地去弥合与别人的裂缝时，我们也要当心自己的内在发生疲劳断裂。

一六、越是优等的人就越是喜欢自己独处，因为一切都清清楚楚。越是差劲的人就越是想和别人搅和在一起，当一切都变得不清不楚，他们就有了下手的机会。

一七、人与人之间既相互图谋，又相互设防。人际关系的一切复杂都源于此。

一八、人们兴冲冲地跑到别人那里，却滔滔不绝地谈论着自己。多数时候，人们到别人那里不是拿走别人的东西就是扔出自己的东西，除此之外就没有第三件事。

一九、人与人之间真正的交流非常困难，因为每个人都做着各自不同的梦，每个人都在谈论着自己的梦，但是谁也没有看到真相，两个梦之间是很难沟通的。如果一个人已经看到了真相，那么他也许就不会再有与别人交流的冲动了。

二〇、我们根本不必在乎来自别人的评论，因为你的真实内在与别人的看法并不相关。而且无论别人评论什么，他们都是在评论他们自己。因为透过评论别人，一个人无意中会把某些自己内在的东西呈现了出来，所以，他们实际上是在评论他们自己。

二一、我们通常不太在乎自己给别人带来的感受，但我们却都非常在乎别人对我们的评价。归根结底，我们最在乎的还是与自己有关的。

二二、人之所以在乎别人怎么评价他，之所以顾虑被别人看高或看低，那是因为他内在的高度还远远不够。如果一个人已经达到了云层之上的高度，那么他就超越了所有的看高或看低，事实上几乎所有的人都已经看不到他。

对于这样一个人，人们也只能对他进行一些胡乱的猜测而已，而他自己却会怀着轻松的心情去享受这个猜谜的游戏。

二三、当你被一群人围绕的时候，不要过于得意。他们之所以围绕着你，那是因为他们比你来得低，他们试图透过你而达到和你一样的高度。而一个比你高的人通常是不会在你这里逗留的。

二四、无论女人的美貌还是男人的才智，在同性的群体中常常遭到贬抑，在异性那里又被过分抬高。

二五、人们在赞美别人的时候通常都是不情愿的、支支吾吾的，但谴责别人的时候就变得慷慨激昂了，所有污秽、恶毒的词语不假思索地从他们的大嘴里喷涌而出，就好像那些东西老早就等在起跑线上，就只等着一声枪响了。

简单地比喻，当人们不得不赞美别人的时候，那种情形比较像一个便秘，而他们谴责别人的时候就比较像一个腹泻了。

二六、很多的事情和很多的关系，在开始的时候比较像一个剪彩仪式，但结束的时候就变成了一个事故的现场，总会以一种灾难性的方式作为结束。开始的时候是举杯，结束的时候是摔杯。

二七、那些繁华的社交场面，初看起来是非常有趣的，但到最后你会发现它是非常无趣的。而孤独似乎是非常无趣的，但如果你能够深入进去，你就会知道它是非常有趣的，而且越来越有趣。

二八、在酒宴上，杯光斛影的不是那些酒瓶和杯子，而是众多的面具。

二九、在争执和对抗的过程中，卑劣的人觉得彰显了自己，高贵的人觉得辱没了自己。

三〇、在孤独中，我们忍受自己就可以了，这总比我们在关系中要忍受很多不同的人更加轻松和容易。如果一个人连他自己都不能忍受，那么他就不要再抱怨什么了。

三一、不要试图到自身之外去寻求温暖。外面的那些温暖，即使不是诱饵，也大都是些假象，它们会把你抛到更冷的冰窟里。除非你在自己的内在找到温暖，否则再也没有其他的温暖。

三二、就我们人类目前自身的这种品质，我们不管跟谁在一起都很成问题，即便是跟我们自己在一起。

三三、一个无法与自己达成和谐的人，恐怕不得不去跟别人达成妥协。

三四、正如地质断层是地震、火山和海啸等自然灾害频发的地域，同样地，关系是人们痛苦、不幸和灾祸的滋生之地。如果一个人把自己的幸福寄托在与他人的感情和关系上，那么这就如同他把自己的房子建造在地质断层上。

就某种意义而言，地质板块的连接和关系很相似，它们都是一种拼凑。拼凑起来的东西永远都不如自成一体的东西，因为拼凑在一起的东西，它们之间挤压和摩擦总是存在的，在这当中，各种潜在的危机也一直在孕育，那终归要向外宣泄和爆发。

三五、我们都渴望着与我们心目中理想的人交往，或者我们至少也希望与我们相仿的人打交道，但这些都只是我们的一厢情愿。最终，我们还是不得不与人类的平均水平交往。

三六、一个人的心灵越是趋于成熟，他就越是没有与别人交流的兴致。平庸的人才热衷于社交，空洞的人才老想要与别人互动。

三七、地狱就是人们拥挤在一起的地方。当天堂人满为患的时候，天堂也会变成地狱。

三八、拥挤是一个残忍的现象。当人与人拥挤在一起，人的尊严和美感都降到了最低。

三九、拥挤是滋生权力的土壤。每当一个地方发生了拥挤，权力便会从中应运而生，并且在这里干得有声有色。

四〇、别人是永远不可能达到我们期望值的。人性的根本缺陷是一方面，期望本身的无止境是另一方面。

四一、人们想要与别人沟通，但他们无法相互沟通，因为他们没有灵魂。

四二、灵魂与灵魂的相遇，是生命中罕见的奇遇；欲望和欲望的相遇，是这个世界上很普遍的遭遇。

四三、身处不能带来成长的环境，陷在那些没有意义的关系中，所有这些都是对自己精神生命的扼杀。

四四、一个灵魂丰实的人，与那些灵魂空虚而浑噩的人相处或共同生活，等同于陪葬。

四五、无论两个人之间看起来怎样亲密无间，都不会超过器官移植的效果，排异反应还是会出现。

四六、每个人都得意于自己所选择的生活方式。所以，当生活方式截然不同的两个人相遇时，他们竟然常常出于一种根本的误解而相互怜悯对方。

四七、一个选择单独生活的人，他的一个主要信念就在于他完全承担起自己的生命，而不是让别人来分担自己，而且，他也无意于去承担别人的生命。

四八、一个人坚持独处、单身的深层次原因，也许就是为了抵御平庸和粗俗。如果说寻求关系主要是为了趋利，那么坚持单独更多是为了避害。

四九、两只被拴在一条绳上的蚂蚱，它们对外解释说它俩是同行者。人们常常因为被绑定在一起而不得不一路同行。

五〇、如果没有关系，每个人的问题都只是他自己的问题，有了关系，这些问题便转移到关系中，甚至相互转嫁到别人身上。毫无疑问，自身问题越多的人，就越容易从关系中获益，而那些问题越少的人，就越会成为关系的受害者。

五一、喜欢与人亲昵，热衷于与别人建立亲密的关系，一般而言，这是一种小人的习气。

五二、人类过的既不是一种个体的生活，也不是一种整体的生活，而是一种集体的生活。

五三、生存即相互依存，为了生存，一个人必须与他人关联。但生活永远都是你自己一个人的事。

五四、既然每个人的内在都已经足够的浑浊，那么人与人之间还是尽量地避免相互搅动才好。

五五、关系的最大灾难在于：本来可以用来增长智慧的时间却毫无必要地消耗在彼此的是非争执之中。

五六、我们在生命的早期阶段容易认为别人与我们是一样的人，所以我们对社交乐此不疲。随着生活阅历的增加，我们逐渐发现别人与我们是非常不同的，由此我们开始喜欢独处。

五七、伴随着独自生活而来的悲凉就像是自然灾害，但这是生命的本然。由共同生活而产生的痛苦就完全属于人祸了。

五八、独自一人，他可以深思；两个人在一起，他们可以深谈；当三个以上的人在一起，一切都开始变得很肤浅、很表面。

五九、一个人寻求与他人共鸣的渴望程度，通常与他自身的境界成反比。

六〇、对别人感到好奇是一种幼稚的倾向。其实，别人并不比我们自己更有趣。

六一、人性中的多数品质让人厌恶，所以人与人之间适当的距离才变得必不可少，那个距离是最后的遮羞布。

六二、距离是人与人之间的缓冲带，礼貌则充当了人与人之间的减震弹簧。

六三、我们之所以对陌生的人和事物产生兴趣，那是因为我们总觉得在它们外表的后面应该隐藏着一些什么。但是我们却很快地发现它们与我们已经熟知的事物一样，也只是徒有其表而已。

六四、我们对别人表面上的关心，虚情假意的居多；我们对别人暗地里的关注，不怀好意的居多。

六五、在人际交往中，很多东西在沉默中显露，也有很多东西在交谈中被掩饰。

六六、尽管我们对别人问寒问暖，但我们其实还是想把话题转到我们自己的事情上，并且一直将它探讨到对方失去耐心为止。

六七、热闹的社交场合，人们用鼓噪的喧哗去封堵每一个沉默的空隙。否则，整个场面的荒谬将被任何一个静默的片刻所揭穿。

六八、如果你落入了狼群，你的身体将被它们肢解；如果你落入了人群，你的精神将被他们肢解。

六九、尽管人们也经常表现出友善、热情和恭谦的一面，从而让我们感到暖意融融。但这只是他们品性中很薄的一层，根本经不起几次刮擦。

七〇、关系让我们产生出诸多虚妄的错觉，我们觉得自己是个人物，我们觉得自己是伟大的、有用的。我们在关系中提拔了自己，而孤独，却把我们贬降到自己的真实地位。

七一、关系是人们的藏身之处，不论这个地方多么丑陋和恶臭，很多人都能够忍受它。因为，这总比他们在孤独中现出自己的原形要好。

七二、人们之所以能够勉强地忍受别人的打扰，那是因为每个人的内在有一个更大的扰乱者，在这种情况下，别人的到来简直就是救场。

七三、我们害怕死亡，就像骗子害怕被揭穿。我们也不喜欢孤独，因为在孤独中，我们的骗术无以施展。

七四、因为无法忍受自己，人们才试着去忍受别人。也唯有人，才有办法去忍受另一个人。

七五、人与人之间很难有真正的沟通，人们大都只是借别人之力来疏通自己。

七六、如果没有自我炫耀的渴望，如果没有宣泄苦闷的需要，谁会愿意跟别人在一起呢？人们借着交流沟通的名义，实际上却是相互在对方身上排泄。是的，他们那条堵塞的地沟这下是弄通了。

七七、每个人都因为与别人在一起而错过了自己。人类是不值得迷恋的，否则难免跌落到比人类更低。

七八、每一个人都有他自己的无聊，当这些人聚在一起，无聊就形成了自己的规模效应，从而在表面上营造出一种多姿多彩的效果。

七九、内在纯洁的人，大都无意去蹚外面的浑水。有的人因为太纯净和善良，最后就只好独处。

八〇、当人与人之间一直在彼此迎合和讨好的时候，他们同时也在不断积累着对对方的不满，这个不满日后必将以猛烈的方式爆发。

八一、敌人是明处的危险，朋友是暗处的隐忧。

八二、人际交往就像是围坐在一个火堆旁边的取暖，但也会时不时地被突然溅出的火星所烫伤。

八三、能够彼此交换各自的虚荣心，是人们有兴趣在一起的一个主要原因。

八四、人与人彼此之间的监禁相当微妙，它是一种精神上的软监禁。对于一个被关在监狱里的人，真正监禁他的并非牢房的墙壁，而是牢房里的其他犯人。

八五、多认识一个人，常常就多出一个头绪；多拥有一样东西，有时候就多出一个烦恼。

八六、一个人能够跟谁和谐相处呢？如果他还不能与自己安然相处的话。一个人能够跟谁成为真正的朋友呢？如果他还不曾与自己成为朋友的话。

八七、正如人在呕吐的时候需要扶着一棵树或一面墙，一个人跑到别人那里吹牛或诉苦也是基于同样的原理。

八八、内在健康而丰实的人能够跟自己在一起，内在有病而虚弱的人则不断地逃离自己。由此便造成了这样的现象——有病的人常凑在一起，而健康的人则彼此分开。

八九、你独自一人的时候，你要忍受你自己。当你跟另一个人在一起，你就得同时忍受两个人。以此类推，和你生活在一起的人越多，你就越容易发疯。

九〇、较高之人与较低之人在一起，彼此都感到屈辱。首先，前者的高度让后者感到屈辱，另外，当后者将自身的狭隘加之于前者时，前者也感到屈辱。

九一、一般而言，两个人的关系——无论它是什么样的关系——都是从好到坏，不管这种关系开始时让彼此双方多么的惬意，但随着时间的推进，他们内在那两个带着侵略性的自我迟早要碰撞的。

九二、社会生活和人际交往，应该说其全部的意义就是让我们去体验和看清人性。所以，当一个人已经完全看清了人性是怎么回事，就该是他起身离去的时候了。

九三、人如果要体验真实的生命，就应该直接跳进他自己，而不是试图趴到别人身上汲取。在这件事上，别人对我们来说终归是二手货。

九四、人之所以感到孤独，主要是他已经失去了存在的能力，他已经失去了活在当下的能力。这样一来，他与整体的联系就被切断了。作为一种退而求其次的策略，他去寻找别人。但人与人的关联，不管它是什么属性，终归是一种同病相怜的性质。

九五、一个人注定只能在整体中得到真正的安歇，而不是在别人身上找到安慰。如果别人真的能够安慰我们，那么他们早就安慰自己了，就不会和我们一样去寻找别人。

九六、别人只能满足我们表面的需求与渴望，至于更深的需要，就只能求助于自己了。

九七、关系就像浮标一样，它让一个人浮在表面。只要与别人在一起，一个人将无法向内深潜。

活在表面，就是活在紧张当中。潜入自己内在的深处，一个人才会感到安逸。

卷四

在单独中，人有一种完整，即使他孤独，那个孤独也有一种完整。在喧闹的关系中，一切都被撕裂了，即使原本那个完整的孤独也变得残缺不全。

一、沉溺于爱和关系所带来的那种温暖和甜美当中，一个人永远无法领略空旷和孤寂之美。一个有识之士很快就会对那种暖烘烘和甜蜜蜜的东西感到窒息，其实，真正能够摄人魂魄的美是空旷和孤寂之美，因为只有那种美才具有一种永恒的品质。

二、社会常常忽视人的个体性，而一个真正拥有个体性的人，他也会忽视社会的存在。

三、是喜欢单独的人在逃避社会吗？还是人们借着社会和关系逃避孤独？

四、也许社会和人际交往会反映和体现一个人外在的价值，但是孤独却完全反映出一个人内在的价值。如果一个人害怕自己独处，那么这个人的内在就没有价值，当一个人的内在没有价值，那么这个人就没有价值。

五、孤独对于庸人来说简直就是一块墓地，对于智者来说却是一个世外桃源。常人忍受孤独，智者享受单独。

六、在单独中，人有一种完整，即使他孤独，那个孤独也有一种完整。在喧闹的关系中，一切都被撕裂了，即使原本那个完整的孤独也变得残缺不全。

七、就一个人而言，也许他外在的潜力是在社会上，在各种关系中，但他内在的潜力永远是在他的单独中。

八、孤独孕育出伟大的思想和高尚的艺术。

九、对于群居的野生动物，离开群体就意味着不幸、灾祸和死亡。对于我们人类，远离人群才是避免烦恼、不幸和灾祸的不二法门。

一〇、当我们受够了尘世间的苦恼，我们就开始渴望能够置身于一个清静的世外桃源。其实世外桃源并不遥远，当你安然地处于你的单独和寂静之中，并且为此感到喜乐，那就是你的世外桃源。真正的世外桃源没有具体的地理位置，但是它可以在你的某种心境中被找到。

一一、在孤独中，人的心灵才会变得清澈起来。孤独的时候也是离真理最近的时候。

一二、人们害怕孤独，人们也不太喜欢真理。在孤独和真理两者之间，似乎有着一种隐隐约约的关联，也许在根部它们两者是连在一起的。

一三、孤独本来并不是一块荒地，相反，孤独是一块出产富饶的沃土。因为我们一直逃离它、荒废它，它对于我们才真的变成了一块荒地。

一四、孤独更容易清晰地显示出生命本身的直观效果。人们大都不喜欢这种感受，从而选择逃离。

一五、人的孤独是因为他不接受自己的孤独。于是，孤独便成了一面他无法穿透的墙。

一六、每个人都被囚禁在自己的孤独中，也没有一个人的孤独能够穿透另一个人的孤独。

一七、孤独的感受，它不过是反映了我们自身与整个存在之间在品质上的不和谐，所以我们渴望再次回到适合我们品质的氛围当中，亦即社交人群当中。

一八、人们有意无意地创造出一些问题，这样，问题让我们变得有事可做，否则我们自身将成为一个问题。客体对于我们的最大用处，在于帮助我们逃离主体。

一九、人一直在寻找问题和焦点，为的是可以让自己厕身于其中，聚焦于其上，以免遭空虚的侵袭。

二〇、多数逃避无聊的努力，最后都被证明比无聊本身更加无聊。

二一、人必须去面对自己，人必须做到不逃离自己，这是一个人走向真实的最基本的一步。

二二、孤独、无聊是人生中最重要的必修课。

二三、人们对一些事情有耐心和毅力，无非是因为有一个结果在召唤他们。但很少人能对无聊和空虚有足够的耐心和毅力，因为人们完全不知道当空虚和无聊被穿透后将是一个什么结果。

二四、只有在孤独中，我们才能品味到原汁原味的生命。

二五、一个人内在的状况越是糟糕，他便越是无法独处。无法安于自身的东西，其本身就是一种疾病。

二六、人一旦停下来，他就感觉到自己的内在无比杂乱。但人也只有通过停下来，他的内在才会变得清晰。

二七、人都是因为过于向外寻求活动，他们的内在才变得一片狼藉。

二八、孤独之难以忍受，那是因为一个人内在的所有疾病都在此时完全呈现。如果一个人能够不逃离它而是去忍受它，那么这个忍受本身就会成为一种治疗。

二九、在关系的温暖中，一个人将会迷失。孤独是凄冷的，但正是在这个凄冷中，一个人的灵魂将会结晶，从而找到他自己。

三〇、行动是一个人对自己的逃避，行动者害怕看到自己本然的样子，他通过行动来摇晃自己，以达到模糊自己的效果。

三一、无聊是一种轻度的死亡。

三二、人害怕无聊，为此，他们宁愿去做任何琐碎的事情。这就正如一个湖无法忍受湖面像镜子那样的平静和死寂，从而激起表面的波纹和细浪。

三三、人渴望外在的诱惑，他希望发生点什么，所以他无法安于孤独。

三四、一个人应该尽可能地减少与他人的接触，以免被迫与他人交谈。毕竟，我们说话时比我们沉默时更不真实，而一个人应该尽可能地保持真实。

三五、人都是因为自己太脏而无法跟自己待在一起，由此导致的后果是他将变得更脏。

三六、无聊的本质是厌烦。所以，孤独并不必然就是无聊，只要一个人并不厌烦自己。相反，如果别人让他厌烦，那才是真正的无聊。

三七、人们以为追求一个新的事物或者到达一个新的地方便能够解除他们的厌倦，事实上，他们不过是陷入了一个新的无聊和重复当中。

三八、能够独处的人都是相似的，不能单独的人则形形色色。

三九、人与人的交往是一种虚假的温暖，独处是一种凄冷的真实。

四〇、独处就意味着一个人要独自去面对存在的实相，在这种情形下，生命本身对他的种种提问便隐隐约约地浮现，这就好像一个犯人被单独提审时的情形。

四一、在独处中，一个人可以直接去认识自己。但生活在像婚姻这样的关系中，人们却要花费很多的精力在相互理解对方的意图上。认识自己与迎合别人，这两者的价值有着天壤之别。

四二、我宁愿在孤独中直面生存的空虚，也不愿意在关系中去忍受卑劣的人性。因为前者是有意义的，后者却毫无价值。

四三、关系是一种温暖却带着浑浊，孤独虽凄冷却带着清澈。

四四、孤独的人就像是长在旷野中的植物，他们身上有一股原始和野性的力量。生活在社会关系中的人们，他们比较像是规范的田间作物。

四五、孤独者常常思想锐利，因为他们的棱角幸免于社会关系这个滚筒的折损，依然保持完好。

四六、一个孤独者行动上并不妨碍别人，在心理上却常常成为他人的一个困扰、一个疑问。

四七、一个完全不在乎别人的看法而特立独行的人，很可能，他在骨子里并没有把那些人看成自己的同类。

四八、孤独者热爱自己的生命，所以他们进入单独，享受自己与自然存在之间那种天然而纯净的交融。

四九、只有回到自身当中，一个人才能感觉到自己的存在。没有意识到自己的存在，一个人就等于没有存在。

五○、生命的本质即是孤独，逃离孤独即是逃离自己的生命。人必须有勇气走进自己的孤独，唯有如此才能走出他的孤独。

五一、我们就像鱼，孤独就像海洋。所以，我们最好还是去适应孤独的水性。

五二、孤独是一把双刃剑，它使内在丰富的人更加丰富，使内在空虚的人更加空虚。

五三、关系只会创造出更多的虚幻，而孤独却使人走向真实。

五四、在孤独中，一个人会去寻找他自己。在关系中，人们走向迷失。

五五、正如海拔越高的地方生命就越稀少。同样地，一个人达到的境界越高，他就越觉得孤独。不过，这样的孤独并不是寒酸，而是极大的丰盛和奢侈，奢侈到大多数人没有能力去分享他那种丰盛的程度。

五六、高处真的不胜寒吗？这完全取决于一个人自身的热量储备。对于一个有着非凡精神热量的人，或许，那里的气候对他正合适。

五七、孤独即是高处。一个人无须费力向上攀登，他只要潜入孤独当中，孤独将会自动把他带到高处。

五八、孤独往往意味着一个更高的视角，以及更清晰和广阔的视野。

五九、孤独的最可贵之处，就在于它的真实感。不管孤独给我带来的感受是什么，我都喜欢它的真实感。

六〇、孤独就好像栖身于荒凉、寒冷的野外，感觉虽然凄凉，空气却无比清新。关系带给我们温暖，然而这种温暖里面却时常夹杂着各种非常难闻的气味。

六一、孤独是一种封闭，单独是一种开花。

六二、单独与孤独截然不同，孤独是一种分离和隔绝的感受，单独却自成一体。

六三、孤独是对别人的渴望，单独是对神的渴望。

六四、孤独是内在的空虚，单独是内在的洋溢。孤独随时准备乞讨，单独随时准备分享。

六五、孤独是焦躁不安的，单独则泰然自若。孤独是有些滑稽的，而单独就有点幽默了。

六六、一个已经了解的人时常会在单独中不禁笑出声来，不是因为他周围发生了什么，这个笑来自他的内在，也许只是因为来到他头脑中的一个联想、一个洞见或一个比喻。整个世界是那么荒谬，其中的笑料是取之不尽的，只要去想一想就够了。

六七、如果我们不能够单独，我们就失去了与自己内在的那个源头接触的机会，那是非常喜乐的。

六八、就人的社会属性而言，单独是一种叛逆；就人的自然属性而言，单独是一种回归。

六九、要么在单独中静静地从人类所有时代里那些伟大而高贵的精神遗产中汲取营养，要么和粗俗喧嚣的人群在一起虚耗生命，除此之外，没有其他更多的选择了。

七〇、与繁华的社交场合相比，单独中有更多的雅逸之趣。

七一、对单独的喜爱或排斥，甚至已经直接反映了一个人内在趣味的高低。

七二、一个能够单独的人，也经常能够在单独中笑，这就是他能够单独的一个原因。

七三、在单独中，一个人会感觉自己越来越接近于神。在群体中，一个人会感觉自己越来越像动物。

七四、当你和别人在一起，你就只是和别人在一起。当你单独的时候，整个存在都在你的手里。

七五、单独几乎意味着无限和永恒。单独是通向整体的一扇门，单独是跳入整体汪洋的一块跳板。

七六、单独中存在着完整。只有在单独中一个人才能完全与自己和谐，与他人的交往，无论怎样亲密都不足以达成这种和谐，它只是对自我残缺的逃避和临时的补救。就像我们不得不临时安装的假肢或假牙，总有它不尽如人意的方面。

七七、单独对于自我是一种窒息和死亡的感觉，但对于灵魂，单独是复苏，是重生。对于自我，进入单独就如同走进了一块荒漠，但对于灵魂，进入单独就等于跳进了神的海洋。

七八、我们无法独处是因为我们的灵魂太羸弱了。

我们已经把自己所有的生命能量都供给了自我，我们的自我被喂养得非常强壮，而我们的灵魂一直在挨饿，它被饿成了皮包骨，并且已经休克多时了。自我与社会、人群相连，自我就像一个电器，社会人群就像是电源插座，而灵魂则与整个自然宇宙相连。

所以，一个只有自我而几乎没有灵魂的人一定是非常害怕孤独的，因为只有在社交人群中，自我才会来电。相反，一个灵魂很强大而自我很微弱的人一定会非常热爱单独，在社交人群中他反而会感到无聊和窒息，因为在那种场合他的自我几乎毫无用处，他既不想展示什么，也不想宣泄什么，这会让他感到无聊。另一方面，别人的存在以及那种喧闹的气氛严重地阻碍了他和宇宙自然之间那种天然的交融，这会让他感到窒息。

七九、如果你无法和自己在一起，别人怎么可能和你在一起？如果离你最近的都错过了，那么，一切都错过了。

八○、你也许有办法穿透别人的身体，但别人的灵魂是你永远无法穿透的。所有的关系达到某种程度就无法继续深入了，所以关系从来不会给我们带来深刻的安逸和满足。你为什么不试着去穿越自己的灵魂呢？那是唯一的可能。

八一、我们无法直接感觉到自己的意识，因为我们的意识一直都在向外投射，我们通常只能借助客体的反射才能意识到自己，这也许就是我们害怕孤独的原因。假如你在山谷中大声喊叫，山谷会回应，产生回声。但是如果你一个人在全然的孤独中，因为没有客体的缘故，你向外投射的意识再也没有任何反射与回馈，你整个的周围都变成了一个黑洞，这种情况让我们产生很深的恐惧。

八二、对一个已经踏上内在之旅的人来说，他对单独的渴望犹如我们对新鲜空气的渴望。他越是接近于终极，这种渴望就越强烈。

八三、当你能够单独地享受你自己，在单独中感到喜乐，你就成熟了。在这之前，你仍然保持着孩子气，你仍然迷恋于各式各样的玩具。

八四、一个人必须有勇气去深入他内在的孤独和空虚，当这个孤独和空虚被穿透，你将会发现它的最深处是无尽的喜乐。你必须以最大的勇气去穿越生命的荒漠，当你穿越了它，真正的绿洲就会出现。

八五、正如身体需要在睡眠中恢复体力，我们的心灵也需要单独和空寂的滋养才能够更具活力和创造性。当一个人单独的时候，正是他的灵魂能够发芽成长的时候。

八六、对于每个人最终要面临的死亡来说，单独是唯一的训练。

八七、只有在单独当中，围绕在一个人周围的那些烟雾才会逐渐散去，然后他就可以清楚地去看。

八八、当一个人内在所发生的比外面的世界所发生的更加丰富和有趣，他就可以单独了。

八九、一旦你的内在有了光，你就完全可以成为单独的，就像恒星一样。

九〇、通向天堂、通向自由的是一扇窄门，这扇窄门就是你自己、你的单独。

九一、我们可以在爱当中感觉到单独，我们也可以在单独中感觉到爱。

九二、单独的浪漫，浩瀚而深邃，那是一个人与整个存在之间的浪漫。

九三、低处是那么的拥挤，虽然有一种暖烘烘的甜蜜。高处是那么的空旷，让人神清气爽，虽然时而会感到一丝凉意。不过，最极致的风景从来都在高处。

九四、单独是那么的纯净。先是别人不在了，然后你自己也不在了，最后只有那个纯净存在。在那个纯净当中，神就存在了；在那个纯净当中，喜悦如清澈的溪水流溢而出，带着音乐，带着舞蹈，带着灵动的闪烁。

九五、孤独是肤浅的，单独是深邃的。孤独就像一滩浅水，那里面除了浑浊以外并没有什么。而单独就像一个清澈透明的深渊，却拥有一切的丰富。

一个人必须克服孤独的窒息感，勇敢地潜入水的深处，来到那个深渊，他才能与单独相遇。

九六、孤独是对单独的拒绝，单独是对孤独的接纳。

九七、如果一个房间里又脏又臭，还堆满了垃圾，那么没有人能够在里面待得住。这正是我们每个人内在所发生的，每个人的内在都充斥着贪欲，愤怒，嫉妒，焦虑这些负面的东西，我们的内在没有爱，没有芬芳和音乐。这就是为什么独处这样一件原本非常喜乐的事情对我们却变得如此困难。

九八、在单独中，整个存在都向你敞开着，整个存在都在向你的身上洒落它无限的喜乐和恩典，你本来一无所缺。但是当你把自己倾注到另一个人身上，那么你就把自己狭窄化了，你只是通过一扇小小的门与存在相关联，而且这扇门并不总是开着的，它的钥匙并不在你的手里，其实我们完全没有必要把自己弄得这么苦。

九九、单独就像一个深渊，它是无止境的，没有底的。相反，所有的关系即使像爱那种很深的关系，好像都是比较浅显和有限的，那个边界很快就会被知道，那个底很快就会被探到。

一〇〇、一旦你发现了单独的潜力，你将会乐于从各种关系中逐渐撤离，以便给予自己更多独处的时间。单独是那么的深邃、神秘和丰盛，你会怀着极大的兴趣想探知它的界限和底部，但是单独是无限的，单独的无限连接着整个存在的无限。

一〇一、在单独中，一个人内在隐藏的那些神性的品质会自己慢慢地成长，而他内在那些兽性的东西会自己逐渐地枯萎。

一〇二、并不是距离产生了美，而是距离本身就是美。美并不在距离之外的那个事物上，而在于距离本身，但距离本身的美是无形的，我们的感官体验不到它。因为外在的感官只能捕捉到形式和外形的美，只有内在的灵魂能够领悟无形的美。我们之所以感觉到距离之外的那个事物的美，那是因为一种无形的美反映在那个有形的事物上。

一〇三、如果一个人能够领悟单独的美，他也会明白距离的美。

一〇四、单独是一个人自由、尊严和神性的全部领地。

一〇五、你不需要去教堂，也不需要去寺庙，那些地方几乎已经变成了俗世的一部分，神并不在那里。只要进入内在的单独就足够了，那里才是你唯一的神殿。

一〇六、社交是走向世俗的路，孤独是通往神的路。孤独的尽头是单独，纯粹的单独即是神，神就在那里等着你。

一〇七、人最大的一个问题就是他无法享受他自己，他无法享受这一刻。

一〇八、我们不是感到无聊，就是陷在某种麻烦当中。除此之外，我们很少还会处于其他的状况之中。

一〇九、就像人们在战争期间纷纷躲避战乱一样，一个人内在的骚乱，使他成了自己的逃难者。

一一〇、人们因为不快乐，所以他们不断地逃离自己。因为内在的动荡和颠簸，使得人无法在自己身上安营扎寨。

一一一、我们自身是如此的枯燥乏味，所以我们都想去看看别人那里有些什么，其实别人与我们也相差无几。

一一二、我们很多的不幸和灾祸都是出自我们对自己的厌倦。当我们努力地要挣脱自身的窠臼时，我们便轻而易举地掉入了其他的陷阱。

一一三、独处是一个人放松自己的最佳方式。单独最吸引人的地方在于你不需要跟任何人周旋，你可以活得很真实。

一一四、单独的一个明显好处是它完全避免了窝里斗的狼狈不堪，仅仅因为这一点，它就价值不菲。

一一五、即使单独一个人，也可以拥有自己的天堂；即使两个人在一起，也可以创造出一个地狱。

一一六、单独不是一种封闭，而是一种敞开，全然的敞开，向整个存在敞开。

一一七、在爱情中，你也许能感受到一种温柔，但是在单独中，你将会感受到一种柔和的氛围，那是一种比温柔更细腻的东西。这种柔和来自整个存在，它就是整个存在的固有品质，一种永恒的东西。

一一八、一个能够单独的人，才有能力去爱；一个自身被爱充满的人，才有能力过单独的生活。

一一九、每个人的内在都是一座断桥，这座断桥却幻想着要与其他的断桥对接。

一二○、人一旦意识到自己内在的潜力，他对别人的兴趣就会急剧下降。

一二一、我喜欢孤零零的感觉，正是在这种状态下一个人才有可能归零，那个零就是极乐。

一二二、闲暇是我们生命中唯一真正属于自己的时间。即使我们没有好好地利用它来充实我们的心灵，闲暇至少也给予了我们去梳理自己内在纷乱的机会，就像鸟儿闲下来梳理自己的羽毛。

一二三、人生一个很大的错误就是：他未能在生命的早期阶段就获得单独生活的时间。而只有在单独当中一个人才会产生清晰的智慧，借着这个智慧，他可以很好地调整自己生命的航向，这才是生命中至关重要的东西。

一二四、人如果有了独处的能力，那么他一生将避开很多的不幸。因为独处是顺应自然的，那样，好像命运就不需要给他施加太多的磨难，这也如同一个顺从的小孩不需要大人以激烈的方式管教。

一二五、就创造出外在和物质上的价值而言，社会和人际关系非常的高效。但就创造出内在和精神上的价值而言，寂静和单独更具有建设性。

一二六、独处是自我发现之旅，社交是自我实现的渠道。

一二七、忍受自己的无聊总是比忍受别人的无聊更有价值，前者可以成为精神上的净化，后者则纯粹是精神毒害。

一二八、除非你已经透彻地了解到别人就是地狱，否则你不会回到自己身上去寻找天堂。

一二九、只有单独才最从容，关系总会带来某种程度的局促。

一三〇、如果一个人真的要洁身自好，那么就没有比独处更好的方式。人与人的联结，还是同流合污的情况居多。

一三一、单独，就是一个人的神性能够得以成长的空间。在关系中，人们相互合成，只有在单独中，一个人才能去完成他自己。

一三二、只有在单独中才不会有任何奴役。所以，一个人宁可在孤独中死去，也不可在一种奴役的关系中苟活。

一三三、当一个人已经真正地体会了单独的喜乐，那么再也没有什么东西能够把他从他的单独那里引诱开，那么他就再也不会想和什么人搞在一起。

一三四、如果一个人要磨砺自己的聪明才智和敏感度，独处是不可或缺的。在关系的滚筒中，一个人只会消磨掉自己。

一三五、身在人群中，你可以忘掉自己的孤单，或者你更加感觉到自己的孤单。但在人群中，你就永远没有机会体验到自己的完整性。

一三六、只有在单独中，一个人才能构建起一个属于自己的世界——一个和谐有序、生机盎然的精神世界。

一三七、更高级的共鸣无疑是属于认知领域而非情感领域的。世上没有比两个寂寞之间的共鸣更可悲的了。

一三八、一个倾向于远离人群的人高于人类，一个不为时尚和潮流所动的人高于自己的时代。

一三九、单独是精神上的洗涤，灵性上的沐浴。

一四〇、一个在单独中洗净了自己的人，才不会在关系中溅污别人。

一四一、与别人保持距离，也与自己保持一定距离。

一四二、人注定是单独的，一个人越早获得这个认知，他就能越早建立起自己的家园，从而结束精神上的乞讨生涯。

一四三、是孤独把人与神隔离。正是因为我们不能够单独，我们才从神的位置上贬降。

一四四、单独是一个训练，为了最终能够穿越真理之门。

一四五、孤独、空虚是一种淡淡的真实，死亡是强烈的真实。孤独是一种深邃的意境，死亡是一个无底的深渊。

一四六、在单独中，你面对的不再是别人，而是整个存在。整个存在将变成一面镜子，而你将真实地被反映在其中。

一四七、如果一个人不能够单独，那么他自身的浑浊将永远不会沉淀。

一四八、一个人越是来到高处，他就越是有机会看到人世间随处可见的荒谬，从而让他经常发笑。

一四九、如果一个人能够单独，那么他就不需要别人的爱。如果一个人不能单独，那么即使全世界的爱都给了他，也还是远远不够的。

一五〇、孤独，它能同时赋予一个人高度和深度。

一五一、人是孤独的，神是单独的。孤独与单独之间的距离，就是人与神之间的距离。

一五二、爱是点与点之间的汇合，单独是点与面之间的汇合。爱是有方向的，而单独没有方向，没有方向就意味着所有方向。

一五三、当一个人能够单独，他就开花了，爱从他里面满溢而出。这种爱——更确切地说它是一种慈悲——与人们因为孤独而去寻求的爱是多么不同啊！

一五四、当一个人能够单独，那就意味着他已经得到了整个存在的爱。单独，它是一个人与整个存在之间的一个爱情事件。

一五五、人必须变得真实，他才有能力享受单独；人必须变得真实，他才有勇气去面对死亡。

一五六、只有回到自身当中，我们才能消除自己的重影。

一五七、除非一个人能够在他的生命中发现单独的价值，否则人生纯粹是一种浪费。

一五八、一个人只要有勇气进入孤独并持久地安于其中，那么他内在所有的疯狂都将慢慢地归于沉寂。

一五九、一个可以独处的空间，是一个人有生之年最终的避难所。

一六〇、我们已经习惯了各种关系所带来的紧张、压抑和虚伪，当我们能够在单独中完全放松自己的时候，反而变得一片茫然。

一六一、唯有单独能够使一个人变得真实。人感到孤独是因为他不真实，而整个存在却是那么真实，孤独感是什么？它是虚假在真实中所感到的窒息。

一六二、一个人在达成自己的单独之前，他将永远保持孤独。

一六三、一个人有了单独的能力，就等于有了自己精神上的脊梁。

一六四、外在的强大，常常使一个人变成对他人的奴役；内在的强大，则使一个人不再依附于任何人。

一六五、一个人要真正地、完全地成为他自己，就非单独不可。

一六六、独处相当于精神上的素食主义，多数的关系都是带着荤腥味的。

一六七、一个人的内在越是宁静，他就越是容易感受到别人内在的躁动。一个人自身达到的程度越高，别人对他来说就越不会是什么好事。

一六八、当你能够完全安于你自己，你就到家了。

一六九、与沉溺于外面的各种感官享受相比，人更应该学会在独处中静静地享受他自己，唯有这种享受不会产生任何罪恶。

一七〇、独处是真正具有宗教意味的，它胜过任何外在的宗教仪式。

一七一、一个人走得越高，他就越孤独；一个越是能够安于自己孤独的人，他便能走得越高。

一七二、一个孤独的人走向社交群体，一个单独的人直接融入自然整体。

一七三、在单独中，一个人才会知道他的本质是什么；在单独中，一个人才能进入他的本质存在。

一七四、爱和单独是人生最重要的两件事。爱是去经历外在世界的丰富，单独是去体验内在世界的完整。

一七五、爱和单独都很美。只是爱有可能是不纯的，而单独却永远不可能不纯。

一七六、一般而言，一个异性很快就会让我们感到腻烦，一个人越是敏锐就越快腻烦。但是，独处永远不会让人感到腻烦，因为单独好像连接着某种深邃和永恒的东西，其实它就是神性。只有当一个人体验过了神性，他才会真正地超越对异性的渴求。

一七七、与人们生活在一起，一个人将体验到人性。独处，一个人将体验到神性。

一七八、单独中没有人，既没有别人，也没有自己。

一七九、孤独、空虚的迷茫中，自有一条通向自由之路。

一八〇、在独处中，一个人更容易聆听到自己内在的召唤——即神的召唤。

一八一、单独不是一种封闭，而是一个极为开阔的空间，它是整个存在中最空旷的地方。

一八二、其实，只有单独才是你的天堂，最后，也只有你的单独才会变成你的涅槃。

一八三、在单独中放松，打开自己，一个人就会被整个存在所滋养。

一八四、一个人选择了独处，往往是出于对人性的透彻了解；一个人爱上了单独，则是来自对内在自性的深刻体悟。

一八五、如果一个人能够完全根植于自己，那么他就已经根植于整个存在。他自己就是与整个存在相对接的唯一插口。

一八六、最大的爱不是来自一个人而是来自整体。一个能够独处的人终将领悟这一点。

卷五

真理常常极具颠覆性，尤其对于它所诞生的那个时代来说简直就像当头一棒，但对于它后面的时代，真理却是一根可以撬动它们的杠杆。

一、真理听起来往往是很尖锐、很刺耳的，谎言听起来就舒服多了。也许，我们本身就是由谎言的胶皮鼓吹起来的气球，所以，任何尖锐的东西都足以造成我们的恐慌。

二、在真实的事物面前，虚假的东西会感到慌张；在高贵的事物面前，低劣的东西会感到窘迫。

三、真正的聪明才智有一种流动和成长的品质，它总是在不断地更新着自己。相反，愚蠢却一直陷在某个地方兜圈子，毫无意识地重复它自己，这正是它的愚蠢之处。

四、我们喜欢春天的明媚阳光，但是当夏天烈日炎炎的时候，我们就觉得太阳有点过分和偏激。人们对真理的好恶感就与这种情形类似。

五、很多被指责为偏激的思想，常常正是击中了平庸大众的痛处，从而激怒了他们。平庸对偏激的仇视，就犹如家犬对野狼的敌意。

六、天才们看起来似乎都有点偏激，甚至有点疯狂。这是因为天才们自身具有一种更宽广的视野和感知度，他们能够看到我们常人看不到的，感知到我们常人感知不到的。真理是那么的浩瀚和广阔，但我们普通人的感知范围却非常狭窄，而偏激正是广阔对狭隘的一个冲击，一个很不舒服的打扰。

七、真理从来不会去和什么格斗。当真理显现的时候，它的那个在本身就是力量。

八、天才把自己当作核能来燃烧和释放，他把自己的生命燃烧到极致，所有世俗生活中的困顿和挫折都变成了核裂变的催化剂，没有这种强度的燃烧和裂变就难以产生伟大的创造力，最后他变成了一颗微型的恒星。

然而，在这颗恒星发出的光芒到达之前，它自己的那个时代却像一颗流星那样在它面前消失。

九、真理不需要争辩，它本身的能量和气息就足以穿透你，让你哑口无言。只有谬误和谬误之间才会无休止地在那里辩来辩去，它们本身就是靠争辩过日子的。

一〇、生在这个时代并不意味着为这个时代而生。

一一、每个天才都以他创造出来的伟大作品拷问自己的时代，但得到的回应通常都是长期的沉默。

一二、那些天才创造的伟大作品对于同时代的人来说也许是太陌生和刺眼了，在能够把它看清楚一些之前，人们需要揉一揉自己眼睛，以便于重新调整好自己瞳孔的焦距。不过，这个时间通常需要花费几十年甚至上百年，那些天才很难活过这段时间。

一三、那些美和真理性的事物，它们在这个世界所遭遇的命运常常就如同一块宝石掉进沼泽当中，没有震荡，没有涟漪，甚至没有声音。

一四、真理一向是宁静的，它从来不会和狂热结伴同行。

一五、只有真理才完全没有自卑，所有的虚伪都会带着或多或少的自卑感。

一六、真理不需要任何的外包装，它带着自身极大的美和光辉存在。

一七、无论大鱼还是小虾，深而宽广的水域总是对它们更加有利。一个人也是如此，他的心灵能够感悟的东西越多，他心灵的活动范围越宽广，他就越是觉得自由和舒畅。

一八、如果一个人过分地沉溺于食色的享受，他的灵魂就会趋于干涸。

一九、我们的感官总是被现象迷惑，我们的灵魂才有能力把握事物的本质。只有穿透身体和感官的重重阻碍，真理的光芒才能够照亮我们的灵魂。
身体和感官偏爱谬误，灵魂偏爱真理。

二〇、一个粗糙的灵魂只能感知粗糙的东西，那些粗糙的东西正是与意欲有关的比较具体的事物，它们有形状、颜色和气味等外部特征。一个精微的灵魂却能够领悟那些微妙细腻的事物，而这些事物总是与美和智慧密切相关。

二一、想象力和灵感是人的意识素质中最重要的两样东西，这两种心灵能力是人快乐的主要来源。一个缺乏想象力和灵感的人将会错过世界上大部分美好而伟大的事物，他只能通过更多的感官享受以及虚荣心的满足来作为补偿。

二二、一个人向内穿透得越深，就越具有创造力，那个深处是一切创造力的源泉。

二三、智慧，它的首要职责就是有趣。

二四、滑稽是愚蠢的失态，风趣是才华的体现，幽默是智慧的流露。

二五、智慧以它本来的样子声明自己，但它不会降低自己来迎合大众，也无意于做任何解释。

二六、智慧常常体现为最大限度和最巧妙地运用有限知识的能力。

二七、每逢尴尬的场景，唯有幽默能够让在场的所有人全身而退。就这个意义而言，无论对自己还是对别人，幽默都不失为一种慈悲。

二八、智慧就像一条河流，活生生的，流动着的，而知识就像一个干枯的河床，河水把河道冲刷成某种形状，留下了自己的痕迹。但是当我们能够看到整个河床的全貌时，那个河流早已经不在那里了。

二九、欲望产生了虚荣，智慧产生了骄傲。

三〇、当一个智者本来想说"他们"的时候，迫于谦虚的压力他不得不改口说"我们"。

三一、智慧和欲望，其实都属于趣味——两种截然相反的趣味。

三二、欲望其实一点都不好玩——因为它总错，智慧才真的好玩。欲望是无知的，而智慧是无欲的。

三三、超越欲望，才能超然物外。只有纯净的心灵才能静观万物。

三四、积累太多的知识，将会覆盖一个人与生俱来的本有智慧；过度的思考，将会使一个人丧失清晰的觉察力。

三五、所谓的智慧，就是它能够穿透人类的知识、权威、道德、传统等所有这类烟雾的干扰，完全用自己的眼睛去看事物。

三六、即使当智慧不需要去做什么的时候，它也完全能够自娱自乐。智慧从来都不是依赖的，也许它能够分享，但它从来不需要依赖什么东西。

智慧就像是一束永恒的光，如果有什么东西来到它面前，它就照亮那个东西。当没有什么东西进入它的范围，它的光还是在那里照耀着，那个照耀本身就是永恒的喜乐。

三七、知识是积极主动的，而主动性总是与欲望有关。但是，唯有在无为和被动性的状态下，智慧才会升起。

三八、智慧永驻于当下，过去和未来是知识的疆土。

三九、动物还在原地打转，人却误入了歧途。知识是人类误入歧途后的行动指南。

四〇、好奇心这个东西，即使它不是人类堕落的起源，也是人类堕落后产生的怪物。

四一、如果好奇心不是出自对了解终极的深切渴望，而只是出于空虚和无聊，那么这样的好奇心与窥探癖无异。

四二、积累的知识越多，一个人就越不会有创造性，他甚至已经完全被那个庞大的积累埋在里面了。而创造是一个轻盈的舞蹈。

四三、头脑是那么狭小，存在是那么浩瀚。存在不是头脑能够测度的，海洋不是水井能够测量的。知识就是一口井，而真理就是海洋。

四四、世俗之路从来都是熙熙攘攘、热闹非凡的，一个人永远不用担心没有同行者。而通向真理的路注定是一条孤独的路，这里荒无人烟，寒风凛冽，追求温暖热闹的世俗之人视之为畏途，很少有人能够凑足勇气去走这条路。

四五、世人大都寻求温暖，他们追求爱的温暖，理解和同感的温暖，但唯有不满足于所有这些世俗温暖的人才有可能得到真理的终极温暖。

四六、平庸的人一生都忙于外在的囤积，在这当中他迷失了自己，有智慧的人则完全致力于内在的清理，在这个过程中他逐渐发现了自己，发现了真理。

四七、智慧并不是一种需要我们去努力获得的东西，我们的内在与生俱来就携带着这个清晰的觉察力。所以，问题的关键不是智慧如何去获得，而是那些烟雾和尘埃如何被去除。

四八、如果一个人要追求垂直面上的成长，那么他必须进入单独，进入真理和智慧的世界，进入艺术和音乐的世界。如果一个人要追求水平面上的增长，那么他就只管进入社会，进入关系，进入人群。

四九、唯一的丰富就是心灵的丰富和意识的丰富。一个富人可以收藏艺术品和名画，他也许可以从对这些东西的占有中获得虚荣心的满足，但他无法买来艺术家的智慧和创造力，他甚至无法用钱换来对艺术的感知能力和审美愉悦。

一个人的意识越是丰富、开阔和深邃，他就越能够涵盖更多的事物，直到整个存在都成为他的家园。一个活生生的意识会去享受活生生的东西，诸如大自然、艺术和音乐这些事物，但他不会想去占有它们，因为整个存在都随时可以供他取用。

真正的贫穷就是意识的贫乏，亦即理解力的微弱和感受力的狭隘。这样的人无法从这个世界上觅取更高级的快乐，他们只会不断地收集死的东西，他们之所以如此是因为他们的内在已经死掉了，他们只认识那些死的东西。

五〇、在这个世界上，各种邪恶、偏见和谬误相互践踏，争战不休，无知混杂在其中随波逐流，唯有真理在云端的高处冷眼旁观。

五一、真理看起来都有点冷漠和孤傲，因为它一直保持在自己的高度上，而且它从来不会故作姿态，也不想讨好任何人。

五二、真理通常都是冷色调的。真理不是孤芳自赏，而是孤芳自溢。

五三、人们并不是完全没有能力识别出那些伟大和有价值的事物，只是他们骨子里不喜欢那些东西离自己太近。多数人为了强调自己的重要性，为了维护自己的尊严，也不得不从根本上对那些东西加以忽视和排斥。

人们也许会很有兴致地观赏遥远的恒星，但没有人喜欢凝视正午的太阳。

五四、因果关系就如同实体与影子的关系，只是因和果的间隔有长有短。有时候实体和它的影子距离很近，有时候实体和它的影子距离很远。当影子和它的实体距离很近的时候，影子就比较清晰，当影子和它的实体距离很远的时候，影子就相对模糊。

五五、真实的事物从来不寻求展示。真实的事物有一种内在的确定性，它能够完全独立地存在着，不需要来自外部的证明。只有虚假的东西才渴求外在的展示，只有虚假的东西才急于被证明和承认。因为虚假的东西没有自己的内核，它完全需要来自外面的支持，那是它唯一能够存在的方式。

五六、直接去阐述一个真理是单调枯燥的，因为你无论运用了多少文字，它们都是同一个平面上的东西。但是如果运用比喻和寓言的方式，那么另一个层面的东西就进入了，一种立体感产生了，整个事情开始变得比较生动。

五七、真理就像是一望无际的天空，无论白天还是晚上，我们都很难持续地注视着纯净的天空。天空的浩瀚与广阔对于我们自身的狭窄是一个很大的冲击，我们会为此感到极度的不适。

五八、真理并不是我们所想象的那种正襟危坐和拉长着脸的东西，相反，真理是非常放松的。因为它是真理，所以无论何时何地，它都能够放松。

五九、真理在不知道它的人眼里才是严肃的。而那些已经了解真理的人，他们甚至可以开真理的玩笑，就像我们开朋友的玩笑。

六〇、虚假总是保持紧张，真实总是能够放松。

六一、真理常常极具颠覆性，尤其对于它所诞生的那个时代来说简直就像当头一棒，但对于它后面的时代，真理却是一根可以撬动它们的杠杆。

六二、只有时间能够聚集起足够的判断力，对一个事物的价值给出客观公正的评价。

六三、虚假的事物挣扎着在时间中成形和现身，但很快又被时间抹去。时间否定了一切没有价值的事物，也确立了一切真理的价值。

六四、时间是唯一值得我们寄托的，它自会平整一切，使一切都适得其所。

六五、任何时候，真理好像都是在反对大多数人。

真理总是被少数人发现，然后大多数人不得不去承认它。

六六、就像陀螺借着鞭打而快速旋转，才能保持自己屹立不倒一样。通过忙碌和努力，虚假的东西也获得了近似于真实的存在。

六七、幻象常常以其外形和色彩的变化莫测，来与真相的如如不动相对峙。

六八、虚假的东西一直在寻求和建立一个牢固的结构，以便赋予自己一种真实性。但没有一种结构能够抵御真理的碾压，那个结构越是华丽和庞大，当它被碾碎时就越是发出巨大的声响——犹如一声惨叫。

六九、平庸的人对于一切超出他理解范围的事物怀有一种本能的憎恨，因为那个事物在某种程度上提醒了他的平庸。

七〇、凡人评价一个思想和精神上的伟人，他们很难不把自身的狭隘和渺小加之于他。

七一、人们即便仰望一样东西，也难免不把它低估。

七二、如果我们不能理解一个智者的伟大之处，我们就去寻找他的渺小之处，即使我们无法把他整体性地归入我们的队列，我们也要把他的一小部分捉拿归案。

七三、要歪曲和毁谤一个真理，断章取义是最便捷的方式。

七四、知道真理与成为真理之间，还有漫长的路要走。但一个已经瞥见过真理的人，他将不会再迷路。

七五、当虚伪和谎言横行天下的时候，真理就成了一种禁忌。

七六、真理和智慧永远都栩栩如生。而虚伪和谬误，大都在最初的惊艳一现后，很快就变得死气沉沉。

七七、肤浅的人对深刻的幽默浑然不觉，深刻的人对肤浅的搞笑无动于衷。

七八、智慧至少能够为自己负责，而无知却无法为包括自己在内的任何东西负责。

七九、一个智慧之人，至少已经将自己生命的一部分安置于命运之上。

八〇、只有从智慧中才会产生出真正的乐观，这个乐观是智慧所产生的达观的一部分。而由欲望主导下的乐观，主要是出于无知，那是一个盲目的自我安慰。

八一、越是真理性的事物，就越是纯净得像一面镜子。于是，每个人都可以在镜子跟前看到自己的样子，而且，他对于那个事物的评价与那个事物对他的评价完全对等。

八二、不管怎样，真理还不至于沦落到被人们街谈巷议的地步。

八三、幽默是智慧的一种自发现象，是创造力的即兴发挥。

八四、幽默并不是一种智力的素质。相反，幽默超越于理性和逻辑之上，它甚至还调侃了理性思维。其实，幽默就是一种禅。

八五、只有真理本身，才有足够的底气去挑战一个荒谬的权威。一个人只要确信自己手握真理，那么他可以独自挑战整个世界的荒谬。

八六、真理根据一个人的意识状态而显现，真理对不同的人产生不同的效果。

八七、真理从来不会显现在一个思考着的头脑中，真理只会显现在思想与思想之间的空隙中，这个空隙越大，那个真理就越是能够清晰而完整地呈现。

八八、正如摄像机在移动和晃动中难以清晰地成像，同样，透过思考这种漫游的方式也不可能获得对真实的瞥见。

八九、思考产生烟雾，透过烟雾，我们永远不会知道真理是什么，因为真理就是清晰本身。

九〇、只有能够坦然面对和接受死亡的人，才具有接纳真理的能力。

九一、虚伪相互鼓励，真理孑然独立。真理以品质立足，谬误以数量取胜。

九二、两个谬误之间，即便尽最大的努力彼此调整，也不足以达成真理。

九三、谎言比真理更渴望被人信服。

九四、来自同时代异口同声、铺天盖地的赞美声常常令人生疑。而一个高贵的真理，它在每个时代都能够得到少数有识之士的赞叹，这种立体声式的回响才更为真实。

九五、只有谎言才擅长制造短暂的轰动效应。真理却总是在无声无息中登场，恒久地发挥着自己的影响力。

九六、最深具意义的真理，最适于以简洁、朴素的语言表达，因为语言只是用来表达真理而不是要表达它自己。语言的最高境界，就是烘托出它所要表达的，却隐藏起它自己。

九七、揭示一个事物的本质，常常一句话就够了。修饰和美化一件事情，多少文字也不嫌多。

九八、比喻是一种比较高级的精神能力，幽默是更高一级的能力。要把一个道理阐述清楚，没有比运用比喻的手法更清晰明了，也没有比以幽默的方式讲出来更让人心悦诚服。

九九、好的格言就像一小节独特而优美的音乐，它灵动而活泼，富有生机和力量。

一〇〇、简洁本身就是一种放松的状态。复杂的东西，它的内在必定存在着一种紧张。

一〇一、复杂是丧失了简明后的装腔作势，浑浊是无力达成清晰后的迫不得已。

一〇二、刻意的东西都不可能是深刻的，只要自然和真实，就是深刻。

一〇三、真理与真理之间的距离，就犹如恒星与恒星之间的距离。

一〇四、就像小孩子有时候喜欢去捉弄一只笨拙的虫子一样，一个智慧之人，他也常常有那种骚扰和触犯愚昧大众的冲动，耶稣就这么干了，但那并不能算是一个恶作剧。

一〇五、真理是最大的揭发者，因而，它也成了最大的冒犯者。

一〇六、缺乏幽默的人，最好是保持沉默。沉默，最好是由幽默来打破。

一〇七、那些最耐人寻味的幽默，通常都是从悲观中迸发出来的乐观。

一〇八、当一个人处于意欲的状态，那么距离创造出幻象；当一个人处于认知的状态，那么距离产生客观性。

一〇九、智慧，常常就是那种能够带给人们意外的愉悦和惊奇的东西。

一一〇、知识让人夸夸其谈，智慧却使人沉默。

一一一、智慧本身并没有具体的用途，但它会隐约地告诉你什么有用、什么没有用。

一一二、阅读书籍，我们只能得到知识；直接阅读这个世界，我们才能获得智慧和洞见。

一一三、如果一个人能够时时记录下自己在人生不同阶段的思想和感悟，那么他晚年时就可以从回顾这些思想片段中得到乐趣，这比回忆自己过去的照片更胜一筹。

一一四、人思考的时候，他是完全不在场的，那些思想在场，但这个人却完全不知去处。一个人真实的自己是内在的观照和觉察，思想是一种诱拐，人在思想中丧失了自己。

一一五、但凡真理，都具有这样两个主要特性——

叛逆和有趣。

一一六、正如一个飞行器飞得越快，空气对它的阻力就越大。同样地，一个人的智慧越高，他就越能够强烈地感受到人世间无处不在的种种愚昧。

一一七、那些已经超越了人类的人，才配得上给人类指路。能够指点一群人最终走出迷途的，往往不是其中的首领，而是远方的一位隐士。

一一八、智慧是一种向上提升的力量，它使一个人轻盈欲升；欲望是一股向下拖拽的力量，它使一个人整体下垂。

一一九、真理只是让你去看，或最多指给你看，它不会再做比这更多余的事。尽管如此，人们还是看不到真理，他们甚至连指向真理的那根手指都很难看清。

一二〇、幽默不仅仅是智慧的体现，它同时也是性格上的一种柔软和弹性，一个坚硬的人永远不可能表现出幽默感。

一二一、人与上帝的差距在于：上帝看到的是全局和整体性，而人只能看到局部和一些碎片。

一二二、智慧通常具有这样的特性，每当你再次遇到它时，相对于你的头脑，你仍然觉得它是新鲜的、从未遇见过的，但你的灵魂却觉得它似曾相识。

一二三、神性即永恒性。除了真理和智慧这些永恒性的事物，没有什么东西能够让人们一直喜欢下去。

一二四、永恒，即意味着时间已经与它完全不相干。所以，我们不能以时间的观念去测度永恒，正如我们不能从物质的层面去理解精神。

一二五、人注定是为了要去认识自己而非外在世界而生的。窥探到客观世界的一点奥秘，并不能改变整个人生的悲剧性质。

一二六、当一个人对出自自身的一切——包括智慧和美德——都感到了彻底的厌倦，他便想要像打碎一个模子那样打碎自己。

一二七、判断力是一个很奢侈的东西，它的前提条件是一个人要具备独立的灵魂。

一二八、对事物的深刻洞察，来自对它的凝视而非窥视。凝视是灵魂的神态，窥视是欲望的表情。

一二九、当一个人定下来，他看事物的眼睛就会有穿透力；当一个人静下来，他就会产生出具有穿透性的思想和洞见。

一三〇、智慧的力量就像水的力量，欲望的力量就像石头的硬度。多数人表现出来的是欲望和自我的力量，而不是智慧和灵魂的力量。

一三一、锐利常常是睿智的体现。我排斥尖锐、锋利的器具，却喜欢尖锐、锋利的思想。

一三二、当智者对某些庸俗和愚昧实在看不入眼，便说了它们几句稍嫌刺耳的话。很多时候，这就是偏激的由来。

一三三、高贵永远不会乞求粗鄙为自己让路。其实，去或不去，对它来说并不是一个真正的问题。

一三四、智者看到问题，那是问题本身的问题；愚昧的人看到问题，那是他们自己本身的问题。

一三五、欲望通常是乐观的，智慧则偏向于悲观。一个人倾向于乐观还是倾向于悲观，主要取决于是欲望还是智慧在他的意识中占据主导地位。

一三六、每一个真理或智慧，都让我们从中呼吸到一种自由的气息。

一三七、自由是领悟带来的放松。

一三八、只有一个生活在自由中的人才能找到真理，只有真理才能给一个人带来最终的解放。

一三九、智慧的火焰熄灭后，残留下知识的灰烬。生命会留下足迹，足迹却无法留住生命。

一四〇、真理不是我们一直在寻找的东西，而是我们一直在错过的东西，我们因为寻找而错过。

一四一、当我们不再去寻求答案的时候，所有的问题都消失了。当所有的问题都消失，真正的答案就出现了。

一四二、智慧本身不仅非常快乐，它还经常在笑，但那个笑里面没有任何恶意，纯粹是因为实在是太好玩了。

一四三、幽默是智慧游刃有余的产物，它是智慧最高的一种开花。

一四四、幽默是智慧对意欲的善意调侃。滑稽是意欲本身的荒唐可笑。

一四五、幽默的人能够开自己的玩笑，因为他知道那不是真的。一般人开不起那样的玩笑，因为那也许就是真的。

一四六、平庸比偏激离真理更远。曾经有少数的偏激触及了真理，但从来没有任何一个平庸到达过真理。

一四七、任何的造作都不会把一个人引向真实。

一四八、真实是不能被渴求的，它只能在你的无所期待中不期而遇。

一四九、真理是浩瀚的，但通往真理的却是一条窄路。

一五〇、真理从来不曾像城门一样，能够让蜂拥而至的人群攻陷。真理无法被征服，但一个人可以透过征服自己而达到真理。

一五一、智慧不需要外面的娱乐，它完全能够自娱自乐。

一五二、偏激是一种力量，平庸意味着软弱无力。事物只有在极端才会有超越，平庸就意味着永远陷在那里。

一五三、平庸与偏激之间，似乎存在着一种天生的敌意。偏激对平庸的主要情绪是轻蔑，平庸对偏激的主要情绪是憎恨。

一五四、偏激是带着情绪的真知灼见。

一五五、偏激是一股让人不太舒服的力量，不过，它常常就是真理本身的力量。

卷六

真正的创造力来自一个人内在的宁静和空寂，当所有的欲望、情绪和动机都消失，某种神圣的东西就进驻到他里面。这种创造力不指向任何目的，它只是对内在宁静和喜悦的一个庆祝和表达，它只是那个喜悦的能量的一种自娱自乐的方式。没有动机的创造力产生出最纯粹的艺术。

一、透过宗教，人们也许只是在口头上谈论神，而透过艺术，人们却可以直接品尝到神。

二、美就是神。但这种美不是某种引起你欲望的美，而是能够让你的自我溶解掉的那种美，让你的欲望蒸发掉的那种美。

三、艺术以形式为载体，但它要传达给我们的却不是形式，而是无形的东西。形式的部分越少、越简洁，就越能够突出无形的部分。所以，艺术具有与物质相反的特性，因为物质就只有形式和材料这些很实际的属性，而艺术却很空灵。那也就是为什么一个人越是物质主义者，他就越无法理解艺术是什么。

四、高雅是很深邃、很微妙的境界，它不会来到表面，更不会附着在形式上。所以，真正的高雅无法被展示，它只能被领悟。而且，只有当一个人向自己的内在穿透得很深的时候，那个高雅才能够被领悟，因为只有两个深才能够彼此认出。

五、诗歌也好，绘画和音乐也好，最高超的成就就在于用最稀疏的网去网住最大的鱼，而文字、颜料和音符就是做成渔网的材料。尽管网是死的，却能网住一条活生生的大鱼。那条鱼不是别的，正是美，正是神。

六、但凡能够感动你的事物都是神性的，而引起你内在骚动的东西大都是兽性的。慈悲是感动，欲望是骚动；爱是感动，性是骚动；艺术是感动，时尚是骚动。感动当中你会忘我，骚动当中只有自我。感动中有宁静的品质，骚动中有发烧的症状。

七、最好的文字并不是引发你的思考，而是解除你的思考。最好的音乐并不是制造出声音，而是创造出宁静。

八、其实整个存在一直永不间断地在我们每个人身上演奏着音乐，同样的乐谱，同样的指法。而我们自身就像一个乐器，如果我们的内在很空灵，空得像小提琴的共鸣箱那样，那么宇宙就能够在我们身上演奏出一首优美的曲子，我们自己也可以聆听到那个优美的音乐。相反，如果我们的内在填满了垃圾，并且变得像石头一样的坚硬，那么本来那个很好听的音乐就变成了电锯般的噪音。

那就是为什么当很多人听到同样的一首交响乐，有的人陶醉，有的人却想逃跑。

九、当艺术与人相遇的时候，我们也许无法反映出它们，而它们却能够反映出我们内在的一些状况。这种时候，那些艺术作品就像 PH 试纸，能够相当准确地测出我们对美的感知能力。

一〇、如果一个人真正地领略了艺术的伟大和音乐的神圣，那么他就会慢慢地意识到自己的那些欲望并没有什么了不起，他的那些野心也算不了什么，那都是些很小、很狭隘甚至是很龌龊的东西。所以，一个人如果在艺术和音乐方面涉入得足够深，那么他世俗的欲望就会趋于淡泊和冷却，他的自我也会逐渐垮掉。

比起某些所谓的宗教，也许艺术和音乐更能够让一个人具有宗教性，一种真正的宗教性。

一一、艺术是超越于意欲之上的，而且越是纯粹和高雅的艺术就越是高高地盘桓在意欲世界的上方。因为艺术超越了意欲，艺术也就超越了道德。

那些很严肃的道德家，几乎都是没有半点艺术素养的。

一二、多数人无法理解古典音乐，是因为那个音乐的品质与我们内在的品质之间有太大的差异。那些音乐是那么和谐、宁静与美轮美奂，而我们的内在却是那么混乱、躁动和粗陋狭隘，差异如此巨大的两样东西之间无法产生共鸣。古典音乐是那些伟大的灵魂创作出来的，我们之所以无法与这些音乐产生共鸣，归根结底是因为我们与这些灵魂之间有着巨大的鸿沟。

一三、大自然是混沌的，它毫无意识地呈现自己。而艺术是有意识的表达，艺术把大自然中含混不清、没有表达出来的东西非常清晰和完整地呈现出来。就这一点而言，艺术高于自然。

一四、艺术是对大自然的提炼和升华。比如在绘画当中，某些抽象的、永恒的东西被定格在其中，而那些瞬息万变的具体枝节则被淡化和忽略了。透过艺术，我们可以瞥见超越于这个世界的那种神圣和美，艺术让我们的心灵升华到这个世界之上，从而获得一种全新的眼光和智慧。

一五、音乐是大自然的灵感，是浓缩凝练的自然。

一六、音乐的流动就像河流的流动一样，蕴含着生命力、美感和喜悦。

一七、艺术和音乐的主要作用是为了启发我们内在的神性，唤醒我们内在的灵魂。有别于财富和权力的上流社会，艺术和音乐是高贵人性的上流社会。

一八、花朵释放出来的是物质的芳香，而艺术和音乐渗漏出来的却是灵性的芬芳，那是一种比我们所说的爱更高、更细腻的东西。它是一种经过了纯化的爱，尽管它是无形和抽象的，却能够弥漫整个空间，从四面八方向我们涌来，渗透到我们灵魂的深处。

一九、任何让你感到赏心悦目同时又不会让你对它产生欲望的事物都是神性的，大自然的美丽风景如此，某些高贵的音乐和艺术就更是如此。

二〇、这个世界并不是没有神性的事物，某些高贵的艺术和音乐中就蕴含着高尚和神圣的气息。它们就如夜空中的一道闪电，照亮了我们灵魂的暗夜。不过，多数人一生都在低头寻找东西，他们几乎从来不抬起头来，仰望天空。

二一、真正的艺术与世俗生活之间有着一个很大的断层，两者之间并没有连接起来。否则，世界上有那么多喜欢到处闲逛游荡的人，他们总应该有机会闯入艺术的领地，但这种现象从未发生。有些人神游了世界各地，但他们一生都没有能够触及艺术的领域。

二二、真正的创造力来自一个人内在的宁静和空寂，当所有的欲望、情绪和动机都消失，某种神圣的东西就进驻到他里面。这种创造力不指向任何目的，它只是对内在宁静和喜悦的一个庆祝和表达，它只是那个喜悦的能量的一种自娱自乐的方式。没有动机的创造力产生出最纯粹的艺术。在人类艺术史上，巴赫的音乐就是这样一个非常典型的现象。

二三、在艺术作品中艺术家个人的主观成分越少，这个艺术作品就越纯粹、越高贵。高度的客观性正是真正艺术作品的主要标志。相反，在艺术作品中创作者主观的成分越多，这个作品就越没有价值、越世俗化。如果一个作品中创作者个人意欲的东西实在太多，那么它根本就不是艺术，它只是一堆作者自己的呕吐物。

二四、纯粹的审美活动是人生最有价值的事情之一。当你处于审美的状态，你的自我意识就消失了，你本性的喜悦开始渗透出来。

二五、感官享受带来的快感是短暂的，而从艺术和音乐的审美中产生的愉悦却可以持续伴随我们一生。

二六、好的音乐是一种高贵的能量脉动，是真理动态化的表现方式。当音乐把我们带入更高级的振动时，宇宙中更精微的层面将会向我们敞开，这就是为什么古典音乐能够引发我们身心极大的愉悦。在那一刻，我们体验到了真理，体验到了神性。

二七、音乐有助于激发我们内在的创造性。音乐本身就是灵动而富有创造性的自然能量的一种表达，而且是最不失真、最纯粹的一种表达。

二八、音乐和艺术是一座看不见的桥梁，连接着此岸和彼岸。在这座桥上，人与神相遇了。

二九、对美的喜爱是我们天性中无可指责的部分。但这种喜爱是倾向于欣赏还是倾向于占有，却真正体现出一个人品性的优劣。

三〇、大自然有一种自然之美，艺术和音乐中有一种神性之美，但人世间更多的是矫揉造作之美。

三一、很多人对艺术的嘲笑和排斥，我们也许可以把它理解为那是丑对美的一种嫉妒，或者是恶对善的一种敌意。

三二、如果一个人没有领悟过艺术的优雅与高贵，那么他永远也不会感叹自己原来是那样的粗俗。人若要变得超脱，艺术是最低的门槛。

三三、竞争意识是一种原始、野蛮和动物性的意识，而审美意识是一种神性的意识。

三四、那些野心勃勃、热衷于跟别人攀比和竞争的人，我们发现他们都普遍缺乏审美情趣，尤其他们对艺术的审美能力近乎为零。灵性和野心无法在一个人身上共存。

三五、给死的东西赋予一种活力，那是一种魔力，一种创造力，或者是神性的体现。艺术和诗歌就是这类东西。

三六、只有在创造和审美活动中，人才有了一点神的样子。

三七、创造力是生命力最高的表达，暴力是生命力最低的发泄。

三八、艺术，它来自一个创作者的灵感，也最能激发一个审美者的灵感。美被欣赏时，美体现了自身的最高价值，审美者达到了自身的最高境界。

三九、距离产生客观性，无论时间上的距离还是空间上的距离。所以，任何一个时代都没有能力完全公正地评判自己时代的作品，尤其是那些跨时代的伟大作品。

四〇、在艺术中，音乐比绘画更具有震撼力。绘画是空间的艺术，音乐是时间的艺术。空间更多地承载了物质的特性，而时间更多地承载了精神的特性。

四一、对艺术和音乐这类美和智慧性的事物，如果一个人丝毫地不能领悟，就已经表现出平庸的征兆。假如再对那些事物加以嘲笑，那就是庸俗的确凿证据了。

四二、如果我们能够了解大众对高雅艺术的排斥，我们也会了解愚昧对智慧的敌意。因为，他们隐约地感觉到自己被那些高贵的事物降格了，却还不清楚被降到什么程度，这真是让人有点恼火。

四三、平庸真是无孔不入啊！即使在那些平庸被明确禁止入内的高雅地盘，它也总是能够奋力地挤开一条缝隙，把自己植入其中，并最终在这里占据统治地位。

四四、一个真正高雅的人，他早已超越了大众所认为的那些高雅，你无法在这一堆高雅中找到他。

四五、艺术也许是对人生最好的安慰。它是一个仙境、一个桃花源，它是一扇让我们得以瞥见神性的窗口。

四六、如果美尚且不能使人醒悟，那么宗教也是枉然。

四七、宗教最初都是纯净的、鲜活的，后来却不知怎么变得有些陈腐了。艺术则后来居上，超越了宗教。

四八、艺术可以被视为一种关于美的宗教。但它既不提供天堂的承诺，也不给予地狱的恫吓，它只提供当下的精神愉悦。

四九、当一个人具有了创造性，他就不会再有收罗东西的欲望。但凡创造者，都没有收集东西的嗜好。

五〇、创造者一般无须什么积累和准备，他们常常能够信手拈来。

五一、在事物的瞬息万变中捕捉到它的神韵，这就是艺术要达成的目标。

五二、艺术家就是那些以自己奇形怪状的意识之网捕捉到奇珍异兽的人，那些非凡的猎物来自彼岸。

五三、天才相当于整个人类偶尔闪现出来的灵感，艺术则可以被视为人类最好的特产。

五四、每一个旋律都有它自己的生命——它一定是比我们更古老的生命。

五五、在所有艺术中，没有比音乐更不可思议的了；在音乐的诸要素中，没有比旋律更不可思议的了。音乐表达了语言无法达到的意境，旋律使所有的语言文字都相形见绌。

五六、空寂有着它自己的音乐，只有欲望会持续地发出噪音。

当空无在自己的寂静中感到无比的喜悦，就会自然而然地流溢出优美绝伦的旋律。所有的古典音乐，所有优美而高雅的音乐都是试着把这种空无的喜悦传达给我们人类的表现方式。

五七、风对大自然是非常重要的，因为它就是大自然的气息，没有风的流动，大自然就是死的。与此类似，音乐对人的灵魂生活是非常重要的，没有音乐的流动，人的精神世界就很会变成一个死气沉沉的废墟。

五八、美是一种非理性的东西，一种活生生的东西，所以才打动人。理性的东西可以说服人，但无法打动人。

五九、美的魅力就在于它不需要经过争论便能够确立自己。

六〇、高雅艺术尤其是高雅音乐，一点都不像是从这个世界升华起来的东西，因为我们实在看不出它们与这个尘世的连接点在哪里。正如檀香不可能出自猪圈一样，我们有理由相信它们完全来自彼岸。

六一、谦虚是这个世上平庸之辈所热烈鼓吹的美德，以此警告那些卓越的人不要将自己的脖子伸得太长。

六二、在分数中，分母的愿望是分数线上的分子越小越好，最好是分子为零，这样分数线甚至就可以取消而不需要分母再扛着它了。

六三、为了完成自己在这个世上的使命，为了打开一条通向今后时代的智慧之路，那些高贵者不得不向愚昧的大众宣战。

六四、美是一种自然性，优雅则是神性的体现。

六五、所谓审美，就是既能以整体性的眼光看事物，同时又能觉察到它的深度。大自然之美就在于它的整体性，而艺术与音乐之美则在于它的深度。

六六、艺术是一种超越于世俗情感的激情，非人的理智所能解读。凡是神性的事物，理智都鞭长莫及。

六七、大自然是一种诗意的存在而非理性的存在。

诗意是整体的，理性是局部的。这也是自然与人类之间的一个比例。

六八、多愁善感与诗意根本不是一回事，这两者甚至是完全相反的。多愁善感围绕着自我，而只有当自我不在，才会有诗意。

六九、浪漫就意味着向各种可能性开放，而不被其中任何一种现实性占据的状态。

七〇、一个不执着于任何事情的人才是浪漫的，浪漫是一种流动性，现实是一种僵硬和凝固性。

七一、事情在未发生和即将发生的时候很美，那时充满了浪漫。浪漫只能存活在由潜力蜕变成现实之前的那个过渡期。

七二、音乐是存在中最灵性的现象之一，它是那永恒的在时间中的流动。

七三、纯净的美常常让一个人定在那里，不纯净的美却使人想要有所行动。

七四、艺术的可贵在于它的纯粹性和持久性，它能够持久地给人以不带杂质的精神愉悦。

七五、一个高处的人如果要往下看，他就得把自己的眼皮翻下来，那种看的方式好像是一种蔑视，但他的蔑视就是他的正视。

七六、很多人在喧嚣声中登场，也有少数人在静默中退出。

七七、即便是对牛弹琴，有时候也比对人弹琴的效果要好，对于那些优雅的古典音乐，牛最差的反应也只是无动于衷，但至少它们不会产生排斥和反感。

七八、那些完全无法领悟古典音乐的人，当他们听到一首交响乐时，常常会流露出不屑甚至愠怒之情，这是酸葡萄心理的一个经典范本。

七九、伟大总是饱受非议，唯有平庸才能够免于任何争议。

八〇、不具有犀利的批判能力的人也不会真正地鉴赏任何东西。批判力和鉴赏力是完全对称的两个东西，有了鉴赏力，才会有批判力。

八一、不仅仅高贵者对粗俗的东西会流于不屑，粗俗的人对高贵的事物也同样会表露出不屑之情。前者是出于完全了解，后者是因为不能理解。

八二、多数人只是在为这个世界铺设摊子，充当道具，只有少数人享受了表演的乐趣。

八三、只有把人作为观察和思考的对象，而不是与之亲密交往，人类才是有趣的。

卷七

除了精神和灵性，人与人的其他差距只是大与小、多和少的区别，但他们仍然在同一水平面上。只有在精神和灵性的层面上，人与人之间才产生了垂直的落差。

一、没有哪一种优越能够像精神和灵性上的优越那样，让一个人真正地免于自卑。

二、除了精神和灵性，人与人的其他差距只是大与小、多和少的区别，但他们仍然在同一水平面上。只有在精神和灵性的层面上，人与人之间才产生了垂直的落差。

三、一个人最不愿意承认的，莫过于别人在精神素质上相对于他的优势了。因为，这不仅仅牵扯到一般意义上的面子问题，它甚至已经关系到了双方在生物进化上的排序和地位，这是他绝对无法忍受的。

四、有些人的神态和体态，已经反映出其内在独特的精神世界；而有些人在精神上所呈现出来的，也只是其肉体欲望的延伸。

五、当内在的精神消散，其外部也将失去清晰的轮廓。对人来说，灵魂涣散的直接后果就是肉体的松弛。

六、一个平庸的人只能看到别人的身体及外在所拥有的东西，他不会发现别人内在所具有的精神素质。要发现别人身上所具有的优异素质，一个人自己就必须多多少少拥有这种素质。

七、当我们试图探测别人内在的深处，却没有发现他们的灵魂，只见沉渣泛起。

八、物质的世界里也许会发生一些巨大的事，但永远也不会发生伟大的事。

九、物质从来就不会直接使精神变得伟大。

一〇、人一旦变得现实，随之而来的就是精神上的生锈。

一一、那些从来没有品尝过精神和灵性快乐的人，必定会在物质上追求一种极致的生活。

一二、追求外在的奢侈是因为内在的贫瘠，当一个人已经丧失了内在成长的可能性，那么就只剩下追求奢侈这一条路了。

一三、人只能通过精神和灵性的成长——而不是通过竭力地掩饰自己的动物性——来变得伟大。

一四、外在的成长是一种掩埋，内在的成长是一种绽放。

一五、低劣是精神狭隘的同义词。一个人越是低劣，他就越是不能相信世界上那些崇高和神圣事物的存在，因为他以自己内在的可能性去估量其他一切事物的可能性。

一六、一个心灵狭隘、粗糙的人，只能活在一个异常狭小的世界中。一个人自己活在什么层面，整个存在就只向他显示那个层面。

一七、一个人灵魂的强度，就是真理能够与他产生共振的强度。多数人还不具备承受真理的能力，他们的灵魂还太羸弱。

一八、敏感度和洞察力类似于嗅觉和视觉，只是它们属于精神的感官功能。

一九、一个人心识粗糙、不敏感主要是因为他的分辨率低，分辨率低是因为他自身的振动频率太低。

二〇、任何意识领域中新颖而独特的东西，对那些精神平庸的人都是一个不小的打扰，那甚至被他们视为一种挑衅。

二一、一个具有自己独特性的人，也能够并且乐于欣赏他人的独特性。一个人嫉妒他人的倾向，通常与他自身平庸的程度成正比。

二二、只有当精神能够完全自由，亦即它从欲望中完全独立出来时，它才成为精神。

二三、欲望产生下坠，灵性产生向上的浮力。

二四、深刻的东西之所以耐人寻味，那是因为它更接近于事物的本源——亦即那个无限、永恒的万物之源，那个味道正是从那个源泉蒸发出来的。

二五、越是深刻的东西，就越是值得反复回味，只有深刻的东西才拥有一种纵深度。深邃，其本身就有无穷之意。

二六、越是深刻的事物，给人带来的精神上的愉悦和满足感便越持久。而那些肤浅的东西，就只是给人挠挠痒而已。

二七、深邃的东西总是好的，即使它是死亡；肤浅的东西总是不好的，即使它是生命。

二八、到处游荡，你可以看到更多，但唯有当你停下来定在那里，你才能看得更深。当一个人能够看得更深，他就不需要再看得更多。

二九、肤浅的人对深刻的事物怀有一种本能的排斥。所以，即便是深刻不经意间掠过肤浅的地盘，前者也让后者极为不快。

三〇、崇高的事物，就是那些能暂时驱散一个人欲望的东西；崇高是一种自我被削弱的状态，一种相对无我的状态。

三一、对真理的需要和渴望造就一个人的灵魂。

三二、境界意味着它是不实用的，它是非功利性的，欲望对它鞭长莫及，那就是为什么它被称为境界。

三三、一个现象的等级越高，能够参与其中的人就越少。一个能够被拿来分享的丰富，还不是那种终极的丰富。

三四、文学作品如果没有上升到哲理和灵性的境界，那么它就只是充当了这个世界的装饰和点缀，以及人们精神上的麻醉品。

三五、凡是完全源自灵魂的创作，都属于神来之笔。

三六、只有那些拥有自己灵魂的人，才能独立、自为地思考。只有灵魂才会拥有一种清晰的风格。

三七、那些有着强大灵魂的人，他们能够赋予文字以能量和生命力。

三八、只有在灵魂中才会产生原创。原创在这个世界上之稀有，正是因为灵魂的稀有。

三九、凡是模仿的东西，都不会给人以浑然天成的感觉，因为它里面没有一个统一的灵魂。

四〇、拥有灵魂，就意味着一个人能够与神圣的事物产生感应。

四一、当一个人已经品尝过神性的滋味，他就不可能再对世俗抱有一种严肃的态度；相反，他将以轻松和谐谑的态度对待世间的一切。

四二、因为我们自身不够纯净，所以我们无法感知纯净的事物，主要是那个敏感度丧失了。

四三、如果要让一个房间通透，那么就要把窗子打开，让风吹进来，让阳光透入。内在的世界则相反，如果一个人要让自己的灵魂通透，那么他就应该关闭所有感官的窗户，甚至要关闭思维。

四四、当内在变得清晰，自然就会有喜乐渗透出来。一个清醒着的生命才会熠熠发光。

四五、唯有内在的不断成长才能让一个人始终保持新鲜，也只有这种新鲜度，才不至于使一个人对自己产生厌倦。

四六、每个人之于自己才会有真正的成长，别人之于我们多半只是一种干扰。

四七、物质的事可以迁就，灵魂的事则无法妥协。

四八、那些让我们分心的事情并不能真正地拯救我们，而那能够拯救我们的，我们却从来不去关注它。

如果我们要拯救自己，就不能把自己一直分散到外面的事情上，而是要向内集中。

四九、外在的成功需要一个人去进取，内在的成长则从撤退开始。

五〇、一个人必须攀上精神的高地，唯有在这里才能成为一个真正的俯视者。俯视者通过俯视自己而超越自己。

五一、精神的成熟，就是走过从仰望这个世界到俯瞰这个世界的过程，直到最后能够平视这个世界。

五二、真正的自由是一件非常奢侈的事，那需要一个人具有极为丰富的内在，那需要一个人拥有一个独立的灵魂。多数人并不能承担得起这样的奢侈。

五三、看不到别人的灵魂，这本身就是对别人最大的不尊敬。有了这个根本的不尊敬，一切表面的客套和礼节都已经索然无味。只是，一个自己有灵魂的人，才会觉察到别人是否有灵魂。

五四、人若是没有灵魂，那么他最多只是一个高级工具——一个能够发明其他工具的工具。

五五、只有两个灵魂才能够真正地交融，也只有两个灵魂才懂得怎样在彼此之间保持最佳距离。

五六、精神上的空虚就像一个无底洞，尽管人们一直以财富、权力和名声等各种物质手段去填塞它，但那些东西仅仅在洞口稍做停顿，便坠入深渊消失不见了。

五七、一个已经没有了欲望的人，这个世界对他来说就已经死去了。只有当一个人外在的世界死去，他的内在才会活过来。

五八、我们更容易从艺术作品中发现灵魂，而不是从别人身上看到灵魂。

五九、我不相信大自然仅仅是物质性的，它一定有自己的灵魂。

六〇、大自然是放松和从容，它的品质是柔和的。它没有欲望，它活在此时此地，没有过去和未来。它是一种存在，一种流动而永恒的存在。

六一、爱情是温柔的，音乐是柔和的；女性是温柔的，神性是柔和的。与温柔相比，柔和的品级更高。整个存在的品质就是柔和的、神性的。

六二、就两个人而言，最近的是他们灵魂之间的距离，最远的是两个自我之间的距离。两个没有灵魂的人凑在一起，那将是一个悲惨的事件。

六三、头脑知道高兴，心灵知道喜悦，灵魂知道极乐。

六四、通过头脑，你与别人联结，你与物质世界联结。唯有通过灵魂，你才能与神性的事物联结。

六五、人若是有灵魂，他就可以很喜乐地与自己在一起。人若是没有灵魂，那么无论对于他自己还是别人，他都是极其乏味的。

六六、一个能拥抱自己灵魂的人，已经不需要再去拥抱别人的身体。

六七、一个人若是能够独自完全喜乐、无条件地喜乐，他就不会再期待任何事情——即便是爱情。我们之所以经常想着别人，主要还是因为我们自己的状态不够好。

六八、任何庸俗的东西都有损于一个人的灵魂，平庸的人是没有灵魂的。

六九、平庸就像湿热沉闷的空气，窒息人的灵魂。对孤独的渴望，其实就是灵魂想要摆脱庸俗那种窒息感的冲动。

七〇、一个没有灵魂的人必然是肤浅、空洞的，这样的人没有创造力，没有独特性，没有某种可以向外绽放的东西。

七一、人与人之间并不会因为朝夕相处而变得相似，却可以通过各自内在的成长而在心灵上趋于相近。

七二、头脑是燥热的，心是温暖的，灵魂是清凉的。

七三、与一个人的内在可以达到的深度相比，整个外在的世界都显得肤浅。

七四、当一个人与整个存在交合的时候，他的灵魂会以各种姿势翻滚。

七五、当一个人溶解的时候，他就知道了自己的本来面目——即他只是一股能量而非形体。

七六、当一个人已经看到了自己的本来面目，那么他就不会再关心别人对他的评价。甚至，别人的看法只是为他提供了一些娱乐而已。

七七、把意识从自己的身体和头脑中分离出来，一个人将体验到不死。

七八、我认为的浪漫，是一个人在精神和灵性上所达到的境界。

七九、灵性的世界里是没有群众的。

八〇、感性是动物的，理性是人类的，灵性是神圣的。

八一、慈悲是对别人最大的有为，无为是对自己最大的慈悲。

八二、好像每个人都不回自己的家，每个人都在敲别人家的门。但别人家的门永远也敲不开，因为那里面也没有人。

八三、与其一直要去捕捉那些投射在银幕上的动人画面，还不如直接抓住那个一直在幕后投影的人。

八四、因为乐观，所以不去反省；因为悲观，所以不会沉溺。因为悲观，所以深刻。因为深刻，所以最终能够走出悲观。

八五、当一个人已经看清了真相，那么他既不会悲观，也不会乐观，他只是静观。

八六、来到高处并不能让我们获得什么，因为越是高处就越是什么都没有，但它却能让我们更好地看清楚低处都有些什么。

八七、与物质世界的现象不同，在灵性的世界，一个人必须有勇气纵身向下跳跃，他才得以向上升腾。

八八、高贵的心灵只随着神圣的节律而脉动。

八九、崇高的事物往往在刚开始的时候并不讨人喜欢，只有肤浅的东西才善于一下子抓住人们的感官。

九〇、虚假和肤浅的东西只能激起我们表面的一些尘埃，真实和深邃的事物却能够穿透到我们内在很深的地方，摄住我们的灵魂。

九一、我们追求的东西往往正是奴役着我们的东西，而我们忽略过去的东西正是能够使我们获得自由的东西。

九二、我们常常因为获得什么而被囚禁，我们也常常因为失去什么而被解放。

九三、解脱所带来的快乐远远胜于获得所带来的快乐。

九四、正是我们拼命地奔跑，我们才漏光了自己。

九五、只有超越了动物性的快感，一个人才能达到神性的愉悦。

九六、如果我们能够与神对话，我们就不需要与人交流。一个被神和真理安慰过的人已经不再需要别人的安慰。

九七、精神和灵性的世界就如同浩瀚广阔的天空，足够让我们每个人去自由驰骋，在这里，你完全不用担心碰撞和拥堵，那些是物质世界里才会发生的。在精神和灵性的世界中，不会形成竞争，也不会有拥挤，更不会产生群众。

九八、大自然给予我们的启示和谆谆教诲才是唯一纯粹的宗教。

九九、神并不是一个有形和具体的存在，而是一个人的意识所能达到的最高潜力。

一〇〇、如果没有灵性上的成长，那么不管你在其他方面有多么成功，你的生命之路也只会越来越窄，并且越来越暗。但如果有了灵性的生活，那么另一个世界就打开了，那是你以前从来不知道的世界，一个与现实世界完全相异的世界，你会被那个世界的光所照亮，渐渐地，你自己也变成了那个光。

一〇一、如果你能够时时活在此时此地，那么你就是一条在水中任意畅游的鱼，整个水域都是你的。如果你活在未来和希望当中，那么你就是一条从水里被钓上去的鱼，你的呼吸都成问题。

一〇二、一个已经达成内在潜力的人，他内在的体验是无与伦比的。在他看来，外面的世界是如此的枯燥乏味，因为他内在的丰富已经远远超出了外在世界的丰富，所以他更乐于定于自己的内在。就我们而言，外在的世界永远都比内在的世界要好，因为我们的内在什么都没有发生过，那里只是一块荒地。

一〇三、白天的天空是喜乐的，夜晚的天空是放松的。这本来也应该是我们的生命所具有的品质，如果我们达不到天空的品质，那么一定是我们自己弄错了。

一〇四、如果你在道中，你就没有任何问题，你也不会去问问题。但如果你脱离了道，那么对你来说所有的一切都将成为问题。

一〇五、正是因为我们一直在寻找什么，我们才丢失了自己。当我们停止所有的寻找，我们自己就被找到了。当我们找到了自己，我们就找到了一切。

一〇六、空寂并不是死寂，这个空蕴含着创造性的能量，它灵动而充满喜乐，它是一种极富潜力的状态。它可以表达为慈悲和爱，也可以用音乐和艺术的方式表达出来。

一〇七、当一个人很空的时候，灵感就来了，创造力就产生了，这就是空灵的意思。

一〇八、创造力产生的快乐，就像一朵花开放的快乐，因为内在有某种源泉打开了，并且向外涌出。如果我们无法享有创造力带来的巨大快乐，我们就很容易沉溺于摧毁和破坏所产生的快感，比如摔碎什么东西之类的事情。

一〇九、极致的丰富来自极致的空无。只有当你经历了内在空虚的全部强度，你才会知道丰富洋溢的生命是什么，你才会知道真正的喜乐是什么。这种喜乐正是你内在空无开出来的花朵。

一一〇、外面的世界有很多条路，但每一条路走到最后无一例外都是死胡同。而内在世界的那扇门始终为我们敞开着，那里面是天空般的无始无终的存在。

一一一、所有的问题都来自你凝成了一团，因为你有欲望，欲望会产生凝聚效应，然后你就凝成了一团。这一团不是别的，只是一团糟。

天空从来没有产生过任何问题，因为天空从来没有凝聚成一团，天空没有欲望，天空从来不打算去做任何事，它只是存在，无始无终地存在着。正是因为它的空寂和无为，天空才始终洋溢着无比的喜悦，它的那个湛蓝色正是最高喜悦的标志。

一一二、当你爬上了一座高山，你可以鸟瞰山河大地。我们的内在也有一座意识的高峰，当你登上了这个山顶，那么世间的一切在你的眼里都变成了一场游戏。

一一三、竞争或许有它自己的乐趣，但是唯有从所有的竞争当中抽身而出才会有真正的喜乐。静静地坐在路边，看着竞争的大部队从你身边呼啸而去，就像注视着一条河流从你身边流过，那也是一道不错的风景。

一一四、飘浮在空中是一种很美的感觉，所以我们都梦想过能够在天空中飞翔。其实，在深深的无意识中我们渴望的并不是飘浮或飞翔，而是变成像天空那样没有重量的，我们真正渴望的是成为天空。

卷八

因为看不到整体，我们仅能看到的那个局部就会自动地扩大和膨胀，直到它成为我们的整个世界。

一、人生就像一个上山和下山的过程，能够在山顶上逗留和眺望的时间非常短暂。

二、生命的轮子一直在重复地转动，却很少能够把我们载到自己真正想去的地方。

三、自卑的全部根源就是因为我们不知道自己的本来面目。

四、渴望别人的承认，正好反映出我们自己内在的黑暗。如果你真的是太阳，你就不至于会堕落到需要一块陨石来证明你的光。

五、每个人都有自己的地平线，一个人无法看到超出他自身高度以外的东西。

六、品质越高，就越不需要依赖。品质越低，就越是寻求占有。

七、人们常常透过谈论物质上的伟大来掩饰自己精神上的渺小。

八、不管猪圈里面发生了多么伟大的事，它终究还是猪圈里面的事。

九、人所经历的一切，应该说都是他内在品质的一种发酵。

一〇、在自己不喜欢做的事情上成功，是一种苦涩的成功。一直做自己喜欢的事情，就超越了所有的失败和成功。

一一、虚假的东西无法带来真实的快乐。相反，我们常常因为追求虚幻的幸福而招来真实的痛苦。

一二、有时候，人们通过别人来找到自己；有时候，人们通过别人来忘却自己。

一三、当很多个没有找到自己方向和道路的人聚集在一起，就产生了群众。

一四、群众有宽，也有粗，但宽和粗都不足以达成高。

一五、人们急切而盲目地去追逐时代的潮流，结果却不幸掉进了致命的旋涡当中。

一六、人常常在山脚下谈论山顶的高度。

一七、人们迈着正确的步伐走在错误的方向上。是的，他们将准确并且正点地抵达错误的终点。

一八、错误和荒谬的东西，它们传宗接代的冲动更为强烈。真理从来不知道传宗接代这回事，它一直都是独身主义者。

一九、一个外表美丽的事物永远不要去打开它，如果不能打开它，那么也就不需要去得到它，远远地观赏它是最好的。

二〇、一个人外表的美是很肤浅的现象，但如果你陷进去，那么它就不再是肤浅的。那时，你会同时知道它的肤浅和它的深度。

二一、所有诱惑我们的东西，最终都是为了要惩罚我们。引诱我们的异性随后也折磨和惩罚了我们。

二二、你无法解决问题，因为你就是问题，除非你被解决。

二三、一切几乎都是敞开透明的，只有自我才会投下阴影，然后我们就被笼罩在自我的阴影中受苦。

二四、一个欲望，即使当它没有和其他的欲望扭成一团的时候，它自己也是缩成一团的。

二五、欲望永远无法让你感到满足，只有无欲才能够满足你。

二六、欲望永远是片面的，它只能看到局部，而不知道整体。当整体被看到了，欲望就会消失。

二七、人踏上一条路，无非是为了寻找一扇门。

二八、通向未来的路注定是一条流亡的路，乞讨的路。

二九、人不能两次踏进同一条河流，却有办法多次掉进同一个陷阱。

三〇、那些引诱者，也被自己的引诱所引诱。钓鱼者也被鱼所钓。

三一、内在的贫瘠，久而久之便铸成了外在乞讨的造型。

三二、除了枷锁，我们一无所获；除了枷锁，我们一无所失。

三三、闭上眼睛，我们便开始做梦；睁开眼睛，我们已经在梦中。

三四、不管幻觉能够给人带来什么，只有真相才能使人平静。

三五、很多事情都有一个伟大的开始，却以渺小的方式结束。

三六、迷恋最终必定会转变为厌倦。那些曾经一度让我们趋之若鹜的，最后也都变成了让我们唯恐避之不及的。

三七、成为一样东西，也就意味着成为一种局限性，为此，所有的东西最终都会对自己产生厌倦。

三八、一切的一切，最终都归于无聊。

三九、一切随时间而逝去的东西，一切不会再现的场景，都与梦的性质别无二致。

四〇、如果不是对这个世界完全失望，一个人怎么能够想起来要去寻找他自己呢?

四一、对于有些人是甘露的东西，对另一些人也许就是毒药。对有些人是摇篮的东西，对于另一些人就是地震。

四二、别人终归是一面我们无法穿越的墙。

四三、我们不能仅仅满足于与别人碰撞而产生的火花，每个人都可以去点亮他自己。

四四、谁要超越他自己，不是通过占有，而是通过不断的舍弃。

四五、在高处你会看到的更多。而在低处，你有机会得到的更多。但是，你所得到的东西必然会蒙蔽你的眼睛。

四六、我们应该更多地去注视生命本身，而不只是热烈地去参与它。

四七、人陷在自己所做事情的泥潭里。

四八、知道我们不需要做什么比知道我们能够做什么来得更加明智，同时也使我们的生命变得更加清晰和透彻。

四九、没有动机，没有渴望，无为而警醒地觉知，才会对真实有所领悟。

五〇、如果追寻，你就求之不得；如果逃遁，它便紧追不舍。

五一、如果我们能够一直提高自己的立足点，那么原来那些在我们眼里很大的事情就会逐渐变小，直到完全淡出我们的视野。

五二、只有光明能够看到黑暗，黑暗无法看到它自己，黑暗仍然被自己的黑暗所笼罩。

五三、智慧，不过就是一种整体的眼光；幽默，不过就是一种大气。

五四、幽默是发自深刻的欢声笑语，幽默出自一种超脱的心境。

五五、相似的事物，总是能够突破时空距离上的阻隔而遥相呼应。

五六、仰视需要勇气，俯视需要底气。唯有自己会飞翔者，才可向下俯视而不至于眩晕。

五七、最拥挤的地方，通常也是最愚蠢的地方。

五八、处于边缘，是为了随时可以离开。

五九、忙碌可以被视为一种拥挤，拥挤也可以被视为一种忙碌，它们两者在本质上完全相似，都是一种挤压的现象。忙碌是时间上的拥挤，拥挤是空间上的忙碌。

六〇、但凡引诱我们的东西，并不是要把我们引到高处，而是要将我们禁锢在低处。

六一、较低的无法对较高的产生诱惑，太高的也无法吸引太低的。

六二、一个群体外在的整齐和清晰，恐怕要以其中个体的模糊为代价。

六三、当渺小试图要证明自己的伟大，挫折就已经注定了。

六四、不论一个个体的内在，还是一个群体的个体之间，其所在的层次越低，就有越多的冲突和竞争。其所在的层次越高，就越是趋于和谐。

六五、一个人内在的和谐才是真正、自然的和谐，人与人之间的和谐，大都只是一种无奈的妥协。

六六、宽度意气风发、跃马扬鞭地拓展着自己的版图，但是高度仍然不为所动地俯视着它。

六七、高处，因为它涵盖了众多的低处而更加充盈。

六八、当深度向上翻转，它就变成了高度。但宽度永远还是宽度。

六九、因为看不到整体，我们仅能看到的那个局部就会自动地扩大和膨胀，直到它成为我们的整个世界。

七〇、活在外围，就是活在一个不断循环的圆圈中，亦即轮回之中。

七一、一个人越是向内深入自己，他对外面的世界就越具有洞察力。当他完全穿透了他自己，他也就同时洞穿了这个世界，因为，他自身就是那个障碍。

七二、既然混乱能够凝成一团，那么清晰也可以自己结晶起来。

七三、清澈意味着深邃，浑浊则是肤浅的体现。

七四、我们必须把自己变得很深，否则，任何肤浅的小事都足以深深地打扰我们。

七五、终究而言，人只能被深所满足，而不是被多所满足，多仍然是肤浅的。

七六、湛蓝的天空，我们会隐约地感觉到那是最健康的东西，就我们内在那个封闭狭隘的精神而言，它无疑是让我们得以通风透气的最好的一扇窗口。

七七、匆忙是一种浑浊的状态，停下来才会产生清晰。我们因为匆忙而变得愚蠢，同时，匆忙又使我们看不到自己的愚蠢。

七八、每一个盲动都扬起一些灰尘——外在的灰尘和内在的灰尘。

七九、如果已经拥有了一个可以容纳万物的空间，何必再去追逐那些幻生幻灭的万物呢？

八〇、很多人在浑浊中度过了他们的一生，他们从未体验过清晰的美妙感觉，而清晰就是神性。

八一、停下来，你会觉知到一切都是永恒的。在匆忙的移动中，你会看到一切都在趋向于死亡。

八二、从容是高贵所特有的节奏感，忙乱则是委琐的外在表现。

八三、从容到极致，就进入了永恒。

八四、植物一生都在静坐和禅定之中。

八五、当下一刻、此时此地才是一个人真正的家，除此之外，他再也没有其他的家。

八六、当一个人安住于当下这一刻，既没有过去也没有未来，处于一种清醒的无念状态，那么他就处于道之中。人一思考，便走入了歧途。

八七、此时此地是生命唯一的绿洲，通过它，一个人可以潜入永恒。欲望、动机把一个人引向未来——一块不毛之地，每一条把我们引向未来的路都通向死亡。

八八、即便在景色最美的地方，人们也一路奔跑。

八九、即使是天上绚丽的彩霞，如果我们从大地上去观赏它，仍然有一种被它笼罩的不快。但如果我们能够来到云层之上，那么下面即便是乌云翻滚，仍然不减损我们超脱后的喜悦。

九〇、天空慈悲地看着大地上所发生的一切。

九一、人必须丧失自己，以便重新找到他自己。当一个人丧失了自己，整个存在都将成为他的家。

九二、一无所有其实等同于无所不有。有意味着有限，无意味着无限。只有当我们一无所有的时候，我们才能回归到无限的整体之中。

九三、人在寻找别人之前，先要去寻找并且找到自己。

九四、没有人能够通过模仿而获得真知，也没有人能够通过追随别人而抵达天堂。

九五、别人对你来说永远都只是一个客体。别人最多只能深入到你思想和情绪的领域，但他们无法进入你的主体性，即你那无限宁静和喜乐的本质存在。

九六、为了避免陷入任何一种狭隘的生存境界，一个人应该尽可能地让自己的眼前保持空旷。

九七、随着别人在你的世界中消失，你自己也将逐渐随之消失。

九八、那些真正美好的事物，只有当我们处于完全被动的状态下才会降临到我们的生命中，我们因为过于积极主动而错过了它们。

九九、静心是静态的创造力，创造活动是动态的静心。

一〇〇、只有无为能够永恒，因为它不产生任何东西，所以也无法被抹去。

一〇一、人的不幸就在于他永远被粘在一些事情上面，而他本来是超越于所有这一切之上的。

一〇二、所有的做都是有缺陷的。因为，所有的做都起因于某种不平衡，并且产生出一种新的不平衡。只有无为才完美无缺。

一〇三、当我们有了了解，我们就不需要去做；如果我们还一直在做，那么我们就并没有真的了解。

一〇四、外在的世界是多的世界，内在的世界是一的世界。但外在的多并不比内在的一更加丰富和完整，相反，多只是一的碎片。

一〇五、对于那些被叫醒后仍然不能完全清醒过来的人，最好不要去弄醒他们，让他们继续去完成他们的梦吧。

一〇六、一个醒来之人的不幸，在于他不得不面对自己那个昏睡的时代所发出的巨大鼾声。

一〇七、学会了飞翔，便避开了低处所有的拥挤。

一〇八、河道就像一个很长又蜿蜒曲折的滑梯，要说享受，世界上没有比河流更会享受的了。

一〇九、如果你继续停留在幻象中，那么你的快乐和幸福也是虚假的。真正的喜乐乃至极乐，是一个人从所有幻象中解脱出来后的感受。

一一〇、就一般而言，天空是云的背景。但从本质上说，真正有意义的是天空，云只是给天空充当陪衬，以衬托天空的永恒。

一一一、云常常被自己的变幻所迷惑，天空却永远不失自己的本性。

一一二、当我们谈到自由，我们就会联想到天空。天空就是自由的象征，因为它好像存在、又好像不存在，这种全然性就是自由。

一一三、自由就是撤掉所有的支撑，当没有了有形的支撑，就会被那无形的力量所支撑，然后随着它移动、飘浮。

一一四、一个觉醒的人，当他向外看，他的眼睛是具有穿透力的，当人们去看他的眼睛，他们会看到一个无底的深渊。

一一五、执着产生监禁，领悟带来自由，带来超越。

一一六、水之所以能够流动是因为它不执着于自己的外形。

一一七、灵性就是变柔软，越来越柔软、越来越溶解、越来越透明，直到完全消失。

一一八、当我们感觉不到自己，我们就对了；当我们感觉不到时间，我们就对了。

一一九、等待是一件让人焦虑的事，但是，单纯的等待——一种不期待任何发生的等待——却是一个人解脱的契机。

一二○、当一个人舒适到极致，他就几乎感觉不到自己的存在了。由此我们不禁推想——不存在应该是一种极乐的境界。

一二一、一个人的做不可能比他本身来得更大。所以，一个人若能静静地自处，保持无为，他将享受得更多。

一二二、空隙是一切美和善的基础。正如距离产生美，无为、寂静也是善的原始状态。

一二三、有为，将会保持一个个体；无为，将会归入整体。

一二四、消极是消失的前奏。

一二五、只要我们存在，我们就不会知道；当我们知道了，我们将不会存在，那时，有一个知道和一个在，但不会有我们。

一二六、我们真正幸福的时刻，就是我们近乎不存在的时刻。

一二七、当你看到一切都在你之内，你就会无分别地看待每一样东西。当你感觉到一切都在你之内，你就达成了终极。

一二八、唯有真正的超脱，才会有谐谑和嬉戏的心情。

一二九、一朵花、一个女人是一种有形的美，但有形的美永远都不如无形的美来得深邃和恒远，单独、空无即是无形之美。

一三〇、美让我们感到时间的消失，也让我们感觉到自己的消失。

一三一、成为柔软的，成为被动性的，在那个当中，将会有伟大的创造。

一三二、地狱就是我们自身的紧张，天堂就是我们松开了自己。

卷九

真正的爱不是让另一个人变得依赖你，而是引导他去找到他自己内在的潜力。

一、也许正是因为我们人类太害怕孤独了，我们才会如此地强调爱，并且把它鼓吹到一个不切实际的高度。

二、其实，我们真正寻求的并不是外在的客体，而是自身主体的体验。我们之所以对客体产生兴趣，那是因为那个客体帮助我们获得某种体验。所以，当一个人爱上了另一个人，也许是因为另一个人满足了他的某个需要，一旦那个人不再能够满足他的那个需要，或者他自己的需要或趣味发生了变化，那么这种所谓的爱就消失了。所以，一个人真正爱的是自己的需要和趣味，而不是其他什么东西或什么人。人们所大肆谈论的爱就建立在这种脆弱的基础上。

三、不仅我们的恨非常的强而有力，我们的爱也带着一种强加于人的味道，带着一种微妙的侵略性。这样的爱迟早会制造出紧张和压抑，所以，爱从来就不是一件轻松的事情。

四、在爱和宁静当中，一个人的自我开始消散和溶解，这个自我的消散和溶解给他带来了纯粹的喜悦。在贪婪和憎恨当中，一个人的自我开始收缩，开始结冰，这种向内的收缩产生出一个张力，这个张力就是他的痛苦，他的地狱。

五、我们的爱和恨从来都是交织在一起的，你的恨不是别的，只是受挫的爱。当你的爱扑了个空，撞到了墙上，然后鼻青脸肿地弹回来，它就变成了恨。

六、不论我们的爱还是恨，都带着一定的强度，因为这两者都根植于我们的意欲。而慈悲是一种完全不同的现象，就内在而言，慈悲是无欲，就外在而言，慈悲表现为无为。所以，慈悲是没有强度的，慈悲是一种弥漫的现象。

七、慈悲之爱犹如阳光普照。世俗之爱则如同探照灯，只向特定的方位投射。

八、没有了爱，我们感到荒芜和凄凉。当有了爱，我们又常常掉进水深火热之中。反正我们不是过冷就是过热，我们从来达不到一个平衡的点，一个既温暖又凉爽的点。

九、孤独的人寻求爱，但他们大都不能够给予爱。单独的人不依赖于爱，但他们却能够分享自己的爱。

一〇、需要被爱的人比比皆是，真正能够给予爱而自身不需要被爱的人却凤毛麟角。

一一、那些渴望被别人爱的人正是自身没有爱的人。如果一个人真的充满了爱，那么他的爱不仅能够滋润别人，也更应该能够滋养他自己。别人从他那里获得滋润是偶然，他自己从中获得滋养才是常态。一股清泉总不至于自己会感到口渴吧。

一二、当一个人为了自己的某种满足而爱上另一个人，这种爱是非常恐怖的，它无异于虎豹向绵羊张开的血盆大口。

一三、我们从别人那里获得的爱永远不可能让我们感到饱足，因为那个爱是有条件的，那个爱是时断时续的，除非我们自身变成了爱的永恒火焰。

一四、带着爱，但是不要把它变成一种关系，一旦爱变成了一种关系，那个爱就狭窄化了，温暖就变成了灼热。

一五、爱本来是一种在放松和自由的状态中产生的喜乐，而我们的爱却变成了从依赖和约束当中产生出来的持续的压抑。

一六、爱有时候更像是微风拂面的那种感觉，清新、自然和全然的开放性。

一七、爱绝对需要以一个人纯真至善的品性为基础。善是常态和静态，爱是动态和显现，爱其实就是善良和善意的表达。如果把善比作海洋，那么爱就是海面涌起的波浪。

一八、美会变老，而善良和爱却不会变老，它们都具有永恒的品质。善和爱的存在，就是神存在的证明。

一九、对于一个善良的人，即使他的愤怒也有某种公正在里面，甚至有某种慈悲在里面。而一个不善良的人，即使他的爱也是有毒的。

二〇、自发的爱来自强烈的敏感，这种敏感是对万事万物的感同身受，如同感受自身的苦与乐。人一旦达到了这样的境界，他的存在就不再局限于自己的身体而扩展到整个宇宙。这样的生命没有冲突、悲哀和对死亡的恐惧。

二一、真正的爱没有原因，它不是由什么东西引起的，所以它与过去无关。真正的爱没有目的，它不是要去达成什么，所以它也与未来无关。爱就是这样一种无始无终的存在，爱只为自己而存在。

二二、对于我们人类中的大多数而言，爱也许是唯一能够让我们瞥见永恒的一种状态。

二三、爱带来温暖，自由带来尊严。通常地，爱和自由无法共存，温暖和尊严无法共享。

二四、自由是生命的最高尊严，自由的价值比爱来得更高。所以，以牺牲自己的自由去获得爱是不值得的，那个被牺牲掉的自由迟早会报复，那个被牺牲掉的自由迟早会以恨的面目出现。

二五、执着带来监禁，将自己监禁，也将别人监禁。爱带来自由，先是解放了自己，然后所到之处再将别人解放。

二六、自由是爱的翅膀，没有了自由，爱就从天上美丽的飞鸟降格为地上丑陋的爬虫。

自由是爱的天空，没有了自由，爱就没有了活动的空间，爱就不能够自然流动。没有了自由，爱就会窒息而死。

二七、来自爱的驱动力也许正是一个人对更高自由的向往。所以，人们表面上是在追求爱，实际上他们更深的内在是在追求自由。一旦那个最高的自由被达成，爱就变成了多余的东西。

二八、每个人的内在都隐藏着一个巨大的爱的喷泉，我们需要去做的就是不停地向内挖掘，直到它喷涌而出，那时我们就不需要到别人那里去获得爱。到别人那里寻求理解和同感是正常的分寸，但向别人乞求爱就比较没有尊严了。

二九、当一个人能够完全享受他自己的时候，他才能够真正去爱。他的爱不再是出于内在的饥渴，他的爱也不再是一种逃离自己的方式，而是让别人来分享他的喜乐。

三〇、真正的爱不是让另一个人变得依赖你，而是引导他去找到他自己内在的潜力，然后他可以变成自由的、单独的，并且因为他的单独而狂喜。没有比这更大的爱了。

三一、世俗的爱大都是出于内在的饥渴和躁动，而神圣的爱则是完全出于内在的宁静和喜悦。世俗的爱有着明确的动机，趋向某个特定的目标，它需要占有某个东西来满足内在的饥渴，或者宣泄内在的躁动。神圣的爱是漫无目的的，它就像一首优美的音乐，这首优美的音乐如清澈的溪水一样自然地流淌着，你可以享受它的旋律，也可以用它来解渴，但它不会对你有任何期待。它只是对它自己的一个庆祝，你可以加入这个庆祝，也可以无动于衷，这一切都取决于你，它甚至不会刻意邀请你。

三二、单独就像茶的清香，它使人清醒。爱就像浓香的酒，它使人陶醉。

三三、爱是温暖，智慧是清爽。如果爱和智慧结合，那是最完美的。

如果女人能够成为爱的化身，而男人能够成为智慧的化身，那么他们之间的汇合就是一种最高品质的结合。

三四、那些已经在他们的内在找到生命源泉的人已经不需要被别人所爱。他们自身拥有的爱已经太多、太满溢了，别人给予他的爱对他来说已经是一种不必要的负担，甚至是一种打扰。

三五、爱是一座桥，桥的对岸是单独，当你跨过了这座桥，你就达成了你的单独。爱也是一面墙，你作为一个孤独者反复地撞击这面墙，一次次地被弹回来，直到彻底心灰意冷，不再渴望爱，那么你将不得不返回到你自身，那样你也能够达成你的单独。不管爱对你来说是哪一种方式，只要你去经历它，就能够从中得到成长，然后你就达成了你的单独，只要你没有一直陷在它里面。

三六、只有在单独中才会有真实而纯粹的喜悦，花朵从来都是在单独中开放的，我们看到过粘连在一起的花朵吗？

三七、单独意味着最高的自由，只有在全然的自由中才会渗透出爱。真正的爱并不是某种世俗中的特定关系，真正的爱是自由的副产品，它只是自由本身的满溢，它没有任何的动机。

三八、当爱没有动机，没有方向，它就变成了慈悲。当爱带着动机，当爱指向某个特定的方向，那么它就只是伪装的欲望。

没有动机的爱带来自由，它就像迎面吹来的清新的风，它不会制造出关系，它不会制造出可怕的粘连。

三九、爱和单独是一个人能够让自己的内在趋于完整的两条道路。爱是在与别人的融合中感到一种完整，单独是感觉到自身内在的一种完整。爱是一条比较遥远和曲折的路，而单独是一条捷径。

四〇、没有了宁静的品质，爱所带来的只是永无休止的冲突和悲哀。

四一、真正的爱会给予自由，只有在自由中才会产生真正的爱。

四二、爱是被美唤起的一种激情。

四三、爱的本性是轻盈的、上升的，所以它不适合背负任何东西。

四四、爱是自由的开花。

四五、只有两个自由才会彼此产生爱意。这样的爱，就是两个自由相遇时的兴高采烈。

四六、真正的爱只承诺当下，但不承诺将来。

四七、爱有两种：迷恋与慈悲。迷恋的对立面是憎恨，多数人就陷在这个循环里。慈悲的背面是忧伤，佛是慈悲的，但他也是忧伤的。

四八、只有纯净的爱才会带来自由，不纯净的爱只会产生奴役。

四九、人们常常借着爱的名义干预和操纵别人的生命。

五〇、很少人会真正地去爱别人，人们只是想借着给出一点爱而获得爱，那是一种垂钓。

五一、那些在寻找爱的人，其实是在寻找自己的利益。迷恋往往披着爱的面纱，依赖也常常带着忠诚的假面具。

五二、真正的爱是不会向谁乞求的，只有迷恋才会干出这种事。

五三、一个为了得到爱而肯于牺牲自己全部自尊的人是非常可怕的。

五四、正因为爱情是最变幻无常的，才需要人们用忠贞不渝的承诺去担保它。当爱黯然离去，责任和义务便粉墨登场了。

五五、爱情就像域外的来使。如果你是国王，你就不会执着于他们的来和去，因为他们给你带来了稀有的礼物，你也回赠了礼物，而且你与他们交流的时候是愉快的，这就足够了。只有当你是强盗，你才会想扣留他们。

五六、世间的男女之爱，很多时候都演变为一个可怕的纠缠。一个人要摆脱另一个人的痴迷，其难度常常并不亚于平息一场叛乱。

五七、真正的爱情是短暂的，它甚至只是一瞬间的事，也许它就是一瞬间的好感和喜欢。当人们试图把这种感觉延长并维持下去，那么最初的那个原始感和新鲜度便消失了，进而产生出其他的东西。

五八、一个人若是在爱情中丧失了自己的独立性，那么就无异于一种精神上的沦陷。

五九、爱，但不要依赖，只有当爱本身不背负任何东西时，它才会持续向上成长。否则，任何的重量都将会使它轰然倒塌。

六〇、爱情中适当的醋意也许还是一道开胃菜，但过分的醋意却只让人倒胃口。

六一、没有比爱情更让人们兴奋的了，因为它产生出最大的幻觉，同时也给生命以最大的安慰。否则，人生是如此的空虚和荒凉。

六二、爱情使一个人的想象力处于极度活跃的状态，从而彻底解除了生存的空虚。若是没有爱情的迷雾，死亡是那么清晰可见。

六三、爱情是一种被激起的幻觉，它甚至可以被认为是大自然对我们所施展的一个恶作剧。因为，这种幻觉最终并没有兑现为一种与之对应的真实，而是逐渐蜕变为与之相反的一种真实。

六四、没有比来自异性的好感更能滋养一个人的了。每当有一个新的异性爱慕者，对有的人来说无疑就像是新添了一枚荣誉勋章。

六五、对于异性，尤其在爱情和婚姻中，人们根本的误区就是过分地专注于对方的性别，而忽视了对方的人性。

六六、激情大都来自幻觉。如果不借助想象力，爱情的魅力便会很小。

六七、人不会真正地爱上一个比他自身更狭隘的东西，如果这种爱发生了，那么它必定是出于一时的误解或幻觉。

六八、正如疾病容易侵入一个体质虚弱的人，并且在他身体中安营扎寨，爱也容易侵入一个心灵虚弱的人，并且将他俘虏。

六九、孤单是一个人的迷路，爱情使两个人一起迷路——并且忘记了自己的迷路。

七○、透过爱情和婚姻，人们从身体和生理的桎梏中解放，其代价却常常是陷入一个精神的牢笼中。

七一、人对爱情的追求，其实多少有点饮鸩止渴的意味。

七二、爱是借助外在的篝火取暖，单独是自燃，而且这个火焰永不熄灭。

七三、爱的全部价值就在于爱本身，而不是爱的客体，更不是爱的结果。爱的本身犹如火焰，爱的客体就像引火之物，爱的结果则如同燃烧后的灰烬。

七四、精神成熟的人会更多地对别人表现出友善和关爱，不成熟的人则常常陷入与别人的感情中。

七五、爱，它应该是有弹性的，它应该能够伸缩自如。如果是健康的爱，它应该既有刚性同时又有弹性，有了弹性就不易破碎，有了刚性，就不会产生粘连。

七六、爱可以成为通向自由的一扇门，也可以成为一座羁押的牢狱。

七七、如果你执着于爱，你就会在爱中堕落；如果你不执着于爱，如果你允许它来去自由，那么爱就会带给你很大的成长。

七八、爱是一种不能被完成的东西，完成将会成为它的死。

七九、爱情似乎是俗世与神性的分水岭。凡俗之人在爱情中精神得到升华，甚至体验到一点神性的滋味。但传说中的天神，却都因为爱情而堕入凡尘。

八○、爱情是能够让一个灵魂迷失的最后一道迷障。只有当一个人超越了爱情，他才能进入神性的领域。因为一生都超越不了爱情，这使得人难以产生伟大的创造力。

卷十

就某种意义而言，人生就像是一个与死亡捉迷藏的过程，藏匿得越隐蔽，藏匿的时间越长，就越是一种成就。

一、就某种意义而言，人生就像是一个与死亡捉迷藏的过程，藏匿得越隐蔽，藏匿的时间越长，就越是一种成就。

二、人们活着，像不会死去那样活着。人们死去，像不曾活过那样死去。

三、生命的主干道直通死亡。我们一路上建造出宫殿、舞台、假山和盆景，有了这些屏障，我们就可以在这条主干道上拐弯抹角地向前挪动，就像接近敌人的阵地那样。

四、为什么我们对死亡怀有如此之深的恐惧？也许是因为我们一生都活在未来和希望的巢穴之中。当死亡来临的时候，再也没有时间让我们去欲求未来，希望之门也从此关闭，我们不得不回到此时此地，但这不是我们喜爱和熟悉的方式。想象一下一个蚂蚁窝被捣毁的情形，那些不知所措的蚂蚁是何等的慌乱！

五、生命，它是对死亡的一个谎言吗？死亡，它是对生命的一个劝诫吗？

六、是死亡打断了你的未来，还是你用未来遮盖你的死亡？

七、在对待死亡的态度上，我们非常的不坦诚，比我们在其他任何事情上更加不坦诚。这个不诚实会繁衍出其他无数种的不诚实。

八、人们不愿意对死亡想得太多，因为想得越多，生命看起来就越显得不合理，甚至很荒谬，我们越去思考死亡，我们就越无法把自己目前正在进行的一切合理化。

曾经活过而已经死去的人要比现在活着的人多得多，不过我们活着的人并不因为占据数量上的少数就能够站在真理的天平上，因为我们迟早也要加入死人的行列。仅就这一点而言，相比于生命的立场，死亡的立场更值得考虑，而且应该优先考虑。

九、如果我们要真正地了解一个事物，站到这个事物的对立面去考察它，是不可缺少的一环。只有时时站在死亡的高度上，我们才能够对自己的生命有一个整体和清晰的视野，这不是悲观或乐观的问题，而是一种科学态度。

一〇、死亡是反照生命的一面真实镜子。认真地思考死亡，我们就能够发现生命中很多的荒谬；发现了这些荒谬，我们就能够最大限度地避开这些荒谬。

一一、忙碌产生出模糊不清，一旦停顿下来，一切都将澄清。人们一直保持忙碌，即使没有事情可忙的时候，我们也创造出一点事情让自己保持忙碌。实在无事可做的时候，至少我们还能够思考，思考也是一种做，是头脑里的做。那么，为什么我们永远不能停顿下来呢？我们究竟在害怕什么？我们到底要躲避什么？

如果一个池塘的底部潜伏着一个陌生的怪物，而这个池塘害怕看到那个怪物，那么这个池塘要怎么办呢？它一定会设法掀起波澜，让水保持浑浊，这样就可以不用看到那个怪物。对于我们来说，那个怪物就是死亡。

一二、如果把人的一生高度浓缩，那么我们的整个生命就像是一起高空坠落事件。人刚一出生就已经从高空向下坠落，下面是死亡这块巨大的沼泽地，在这稍纵即逝的掉落过程中，人们都力图在空中做出各种复杂和高难度的动作，以博取他人的喝彩和欢呼。

一三、我们害怕死亡是因为我们以一个自我活着，而死亡曝光了自我的全部隐私。

一四、死亡就像一张化验单，它是我们生命最终的检验报告。如果我们的生存是一种虚幻和假象，那么死亡必定就是最终的真相。

一五、欲望和野心越大，在死亡面前遭到的挫折就越大。这就像一团烧得很旺的火，突然遭遇了滔天的洪水。

一六、不管我们在欲望和野心的方向上走得多么远，真实的生命有着它自己的方向，它把我们最终带到欲望最不想去的方向。

一七、任何你执着的东西，当你失去它的时候，都会体验到一次小级别的死亡。当你失去了所有的东西，包括你的自我，甚至包括你的身体，那就是真正的死亡。我们因为害怕死亡，所以我们也害怕失去。

一八、死亡透露给我们的讯息是：这个世界是死胡同。

一九、看世人忙忙碌碌和东张西望的样子，人到这个世界上好像是来寻找什么东西的，但什么都没有找到，却把死亡翻了出来。

二〇、我们无法确定生命的意义，但我们知道生命的结果，生命最终走向死亡，那么死亡也许就是生命的意义，正是在死亡中，生命将获得最大的经验或教训。

二一、尽管死亡是人生唯一的大事，但人们好像都不怎么为此而感到焦虑。这或许是因为在我们的人生中，唯有死亡是一件别人不会来跟我们竞争的事，所以对于自己的死亡，每个人都好像已经十拿九稳。

二二、尽管人们常常听说自己认识的人死去，但对于自己的死亡，人们基本是把它当作一个神话看待的。

二三、人们在计划和构想自己的未来时，都没有把死亡考虑在内。能够时时想到自己将来的死亡，这就是一个人的远见卓识。

二四、站在死亡的高度上，人生其实就只有死亡这一件事，其他的都只是通向它的垫脚石所铺成的平坦或崎岖的路。

二五、死亡可以成为生命的开花。但如果没有开花，那么死亡就是生命结出的恶果。

二六、出生是一次死亡的机会，那是必然的。死亡是一次达成更高生命的机会，但那偶然才会发生。

二七、就一个人的现在而言，当下这一刻最为真实；就一个人的未来而言，死亡最为真实。

二八、所有向外的路都是歧途，但所有这些歧途都殊途同归，即通向死亡。

二九、时时不忘自己将来的死亡，这就是清醒，这就是真诚。对死亡无所觉知，就如同身在牢狱而不知其监禁。

三〇、就像我们有时候用闹钟来提醒自己时间一样，我们也不妨经常用死亡来提醒自己的生命。

三一、既然死亡是生命最终唯一的确定结果，那么就用死亡来校准我们的生命吧。

三二、最正确的生活方式，应该是一种最契合死亡的生活方式，唯有这种生活方式，才能让一个人在生死之间如履平地。以我们目前的生活方式，我们都是在构筑生死之间的悬崖峭壁。

三三、即使这个世界已经没有任何地方可以让我们好好地活下去，但在任何地方，我们都可以好好地为死亡做准备。与略带着乞讨性质的生存相比，认真而从容地为从这个世界撤退做准备，似乎是更有尊严的一件事。

三四、人生就是一个不断地被提问的过程，直到被问题彻底问倒为止，亦即生命终结。

三五、不管我们在自己的生命上添加多少的附加值，真实的生命依然按照它自己的既定轨迹运行。

三六、人们躺在舒适的吊床上，享受着那个荡漾，做着自己的美梦。但是，那根绳子总会断的。

三七、走向死亡的生命是以内在冲突的方式运作的，它在冲突中耗尽了自己。最终要走向死亡的东西，都可以被看成是一种疾病。

三八、就像大气层对地球上的生命起保护作用一样，父母在一定的意义上就充当了我们生命的防护层，当他们过世，我们将直接地感受到自己已经完全暴露在死亡的辐射之下。

三九、如果我们试图扩张自己的生命，我们也就同等比例地放大了自己的死亡，因为死亡是作为生命的一个影子而存在的，而且它最终将覆盖掉整个的生命。

四〇、我们一生都在收集和聚藏，死亡却反过来要将我们分解和清零。正是因为我们在生命中所做的一切与死亡的意向完全相悖，死亡对于我们才成了最惨烈的一件事。

四一、死亡只会杀死你的自我、你的欲望和你的积累，但它无法杀死你。如果你带着这么大的一堆积累，那么你就像一艘满载的货船，当死亡的洪水袭来，你将跟你的船一起沉没。相反，如果你活着的时候就一直在清空你自己，不管是物质性还是知识性的，如果你已经变成了一个空壳，那么你将会期待死亡的洪水，好让你能够在其中漂浮和畅游。

四二、人基本是以一个抗争者的姿态活着的，而死亡将解除我们所有的武装，同时也将收缴走我们所有的玩具。

四三、死亡不应该被回避而应该去凝视它，唯有通过凝视它，才有可能看到一条超越的途径。

四四、其实，除了死亡之外，一个人也没有什么好去面对的。让我们白天好好地去体验生命而夜晚好好地去凝视死亡吧。

四五、人生是愚蠢和荒谬的，根本的原因在于我们在生命中所追求的与它最后的实际结果实在太不搭调。

四六、如果直观多数人衰老、临终和死亡时的情景，我们恐怕不得不怀疑：我们的生命也许从根本上就犯了方向性的错误。

四七、死亡是一个人最大的未来，同时又是最大的现实性。死亡不仅仅是发生在我们生命中的最后一件事，其实，它更是我们整个生命的背景。

四八、死亡是进入另一种存在的门。既然我们的这种生存并不如我们所愿，那么对于死亡，我们应该是好奇大于恐惧的。

四九、如果把死亡视为人生的最后一条退路，它就不那么可怕了。

五〇、生命是一个向高峰的攀登，死亡则是它下面的那个深渊——一个无底的深渊。正因为它的无底，才保证了我们在坠落中不至于粉身碎骨。

五一、我们一点都不害怕生命，但这个生命却把我们引向死亡——一个让我们害怕的终点。我们恐惧死亡，但正是因为我们的恐惧，也许反而确保了我们的安全——一种我们看不见并且超出我们理解的安全。

五二、死亡是那么浩瀚、深邃和神秘，以至于我们的头脑智力对它一无所知。生命就像一个孤岛，它只能看见水面上的一切，而死亡则是海洋下面那块神秘的大陆。

五三、当一个人完全看穿了这个世界，那么他的眼前便只剩下了一个光秃秃的死亡。

五四、死亡就像是把一个东西摔破，看看里面会有什么东西跑出来。在死亡面前，有多少人可以拿得出能被死亡称出重量的东西呢？

五五、一生都生活在关系中的人，他们就好像一群人编队从空中降落，他们在空中摆出各种美丽的造型，但是没有降落伞，他们摆出的造型也不具有降落伞的功能。

五六、我们都活在关系中，但我们无法死在关系中，每个人都只能死在孤独中。

五七、人们以保持忙碌来逃离空虚，人们也以赋予生命这样那样的意义来敷衍死亡。

五八、我们的人生必定是某种被完全弄反了的东西，看看它的荒诞吧：人们在自己的一生中是那么地努力，最后的结果却是走向穷途末路。

五九、人之将死，其言也善。善从何来？是因为看到了恶的无用，甚至是看到了恶的恶果。

六〇、一个好人死去，人们为之惋惜；一个恶人死了，人们一声叹息。

六一、每当我们看完一场电影走出剧场的时候，我们的眼睛感到不适应，心情也不舒服，因为我们不得不从虚幻而美丽的场景之中回到凄冷乏味的现实当中。同样的感觉恐怕也会出现在一个人即将死亡的时候，那时他才发现社会完全是一个虚幻的东西，而他不得不悻悻地走出自己的整个人生剧场。

六二、人生是一场戏剧，但死亡并不是演戏，那时，我们扮演的角色与获得的演技都将无济于事。

六三、只有当死亡来临的时候，人们才会发现社会是虚幻的。一个人最终还是要落实到自己与整个自然存在的关系上，但人们在自己的生命中却都不曾为此做点什么。

六四、与死亡的强悍相比，我们目前的这种生命状态太虚弱了，以至于它到了最后根本没有与死亡讨价还价的余地。

六五、没有人愿意在死以前停下来几年，什么都不做。但唯有这样，一个人才算是真正地为死亡做准备。

六六、唯一的认真，就是对死亡的认真。一个对死亡认真的人，不可能对生活很严肃。而那些在生活中处处认真和严肃的人，他们也许都只是想要敷衍死亡。

六七、死亡是对生命最后的启示，让我们凝视并聆听它吧。

六八、对死亡的凝视就是向内的观照，因为死亡就藏匿在我们内在的最深处。

六九、凝视死亡，一个人将会逐渐发现自己内在那不死的；凝视死亡，一个人就已经将自己的死亡溶解了一大半，最后只剩下了一个身体的死。

七〇、在死亡来临之前，一个人要努力让自己醒来。一旦他醒来，那么死亡对于他就不复存在了，而这个人生也不过是一个睁着眼睛做梦的梦境。生命和死亡的存在，都是因为我们的昏睡，它们只在我们的昏睡中存在。

七一、人应该尽早思考他早晚要去的地方。一个人如果能在梦中开始思考一点真实的东西，那么他离梦醒就为时不远了。

七二、一个人如果能在死亡打碎人生之梦之前醒来，那么这个醒来是超越于生命与死亡之上的，这样一来，他的生命就不再是个问题，死亡也变得无关紧要。

七三、一个人独自远行，整个路程就显得漫长枯燥，但如果两个人同行并且一路说笑，那么路途就不觉得漫长。这与我们的人生很类似，只是我们要去的地方是死亡。

去承受生命的全部空虚以及最终的死亡，这就是生命的意义。

七四、面对孤独和面对死亡都需要勇气。而在单独中平静地走向死亡，那需要一个人最大的勇气。

七五、死亡就像一个黑洞，空虚则是这个黑洞所产生的引力场。尽管人们一生都致力于逃避生存的空虚，但死亡最终还是把他们缉拿归案。

七六、孤独和死亡都具有反生存的性质，它们也是从生存撤退的两种方式。孤独是渐进的，而死亡是突然的。

七七、死亡是浓缩、强烈的空虚，空虚是稀释了的死亡。

七八、只有在空虚和死亡的背景中，真理才会显现。正如只有在黑夜而不是在白天，天上的星星才会显现。

七九、当死亡被忽略和淡忘——亦即当死亡的背景被隐去，梦就会变得相对真实。

八〇、死亡是我们未来的最后一面墙，一面无法再产生投影效果的墙。

八一、所有虚幻的东西，最后都会像水分一样地蒸发，而真实就是溶解于虚幻并且被虚幻所稀释的东西。人生最真实的一面，将在死亡的结晶中才完全呈现。

八二、死亡让一个人的外在解体，同时又使他的内在结晶。我们只知道死亡是严厉的，但我们不知道死亡也是慈悲的。

八三、通常的死亡，是一个人在无意识状态下从存在进入不存在的过程。但是，如果一个人活着的时候就能够在清晰的意识状态下进入那个不存在的境界，那么他已经超越了生与死。

八四、死亡摧毁了我们所有的虚假，把我们的本来面目还给了我们。在孤独中，我们比较的真实；在死亡中，我们绝对的真实。

八五、死亡只会带走你的梦，但它无法带走你的真实。

八六、在死亡的消解过程中，一个人最内在的核心将会短暂地裸露出来，那是一个生命所能经历的最伟大的时刻。

八七、当河流经过长途的旅行来到入海口，当它首次瞥见浩瀚无垠的海洋，并且意识到自己马上就要消失在那里面，它会不会有一丝颤抖呢？

八八、死亡是一次机会，一次永久地停留在此时此地的机会，留驻在此时此地就是成为整体的一部分，留驻在此时此地就是进入永恒。

八九、死亡是空无的另一种说法。爱、单独和死亡这三件事情就本质而言是一样的东西，它们的内在本质都是空无，而只是它们的强度依次增大，从有限到无限，但总的源头是死亡。死亡犹如海洋，单独是一个湖，而爱是一杯水。

九〇、单独是一个深渊，死亡是一个更大的深渊。如果你能够从容地面对单独，你最终也能够从容地面对死亡。

九一、在死亡被完全通透之前，没有人能够安心地生活，人们最多只能故作镇定。

九二、如果人生是正确的，那么我们的死亡就应该具有像落日那样的品质。

九三、生存是一种封闭，那是非常烦闷的；死亡是一种敞开，没有比那更透气的了。

卷十一

生命，其内在是一种欲望，外在则表现为一种需求。欲望是主动的，需求是被动的，因为内在的主动，从而导致了外在的被动。

一、欲望看似在追逐外在的各种东西，但那是一种假象，欲望真正的动因是要逃离自己的内在。

　　二、生命，其内在是一种欲望，外在则表现为一种需求。欲望是主动的，需求是被动的，因为内在的主动，从而导致了外在的被动。

　　三、欲望永远都带着乞讨的气氛。有欲望，就会有自卑。

　　四、人内在受自己各种欲望的煎熬，外在又要饱受各种关系之苦，而关系，无非就是不同人的欲望之间的冲突。

五、欲望首先是一种内在的自虐，当欲望表现为外在的行动，它就变成了对他人的施虐和暴力。

六、人从本质上来说就有一种表现欲，一个人最难克服的不是色欲，而是表现欲。而这个世界，总的来说也只是一个展示虚荣心的舞台。

七、欲望是一种泄漏，人因为欲望而变得虚弱。

八、欲望给我们最大的错觉在于：我们以为可以通过它来得到满足，实际上它却只给我们带来焦虑。

九、试图从欲望中得到精神的满足，就如同用污水解渴。

一〇、欲望是一个重量，它让我们感觉到精神上的沉重。

一一、我们之所以执着于一件事或迷恋于一个东西，都是因为我们还不能把它们看得足够清楚。

一二、欲望是一种向外的辐射。有时候我们遇到一个人，我们会感觉到一股强烈的欲望扑面而来。

一三、每一样我们得到的东西，我们都把它视为理所当然，然后我们对它就不再有感觉了。那么我们去追求它的意义是什么？

一四、当我们厌倦了一个东西，我们便转而迷恋另一个东西，但我们就是从来不会对迷恋本身感到厌倦。

一五、如果围绕着欲望和愿望的主题展开幻想，那么每个人的想象力都不逊色于天才。

一六、一切向外的努力都隐含着权力的欲望。

一七、责任——通常是因为欲求而欠下的债务。

一八、欲望的脚步，既踌躇又踉跄。

一九、尽管欲望是一贯的肇事者，但理智仍然忠实于它。理智充当了事先的策划者、事情中的目击者和事后的辩护者。

二〇、欲望是一种狭窄化，它滤掉了所有自己不感兴趣的东西，同时又放大了它所欲求的那个局部，它是对事物真实面目的一种扭曲。

二一、偏见扎根于欲望的沃土。一个人的欲望和偏好，基本主宰了他对一切事物的看法。

二二、即便是阅读，多数人也只是在寻求意欲的刺激，而不是渴望得到智慧的启迪。欲望感兴趣的是情节，而认知渴望的是启迪。所以，小说永远都比思想性的作品拥有更多的读者。

二三、热情通常来自欲望，它是欲望本身温度的一个显示。

二四、智慧总是清凉、冷静的，所有炽热的感情都是欲望的活动。

二五、欲望必然是暴躁的，因为这个世上，总会有什么东西经常挡住它的路，让它恼火，久而久之便沉淀为暴躁的习气。

二六、我们很多的渴求和欲望，并非是我们自身真正的需要，而是由某种惯性所引起的饥渴。简单地说，那是一种瘾。

二七、欲望是一种痒，我们从挠痒中得到快感。

二八、占有欲是内在空洞的显示，执着是自身虚弱的表现。人都是自己太虚弱才想要抓住点什么。

二九、欲望通常都是一副很严肃的表情——就像一头猛兽准备扑向猎物时的那副神态。

三〇、不能安于自身，这是所有欲望的起源。欲望其实就是一种无意识地逃离自己的努力。

三一、欲望使一个人忘我，色欲更是让一个人浑然忘我。

三二、欲望像一个四处巡游的狩猎者，但实际上它是一个自设的陷阱，掉进陷阱的也是它自己。

三三、欲望知道自己想要什么，但它并不知道自己将会得到什么。

三四、欲望一直在窥视，却从来不曾领悟。

三五、就像一个房间连接并通向另一个房间一样，每个欲望都连接并通向另一个欲望，但它永远不会把我们带到一个开阔地带。

三六、时间是欲望的语言，没有这种语言，欲望就无法表达它自己。

三七、欲望是一种向未来和远处的移动，这个移动分别创造出时间和空间。欲望是一种紧张，时间是一种紧迫，空间则产生拥挤。

三八、空间产生视觉上的幻象，时间产生未来、希望——这些思想上的幻觉。

三九、希望从内在支撑着我们，幻象从外面召唤和牵引着我们，如果不是这样，我们无法继续活下去。

四〇、希望就是一个人未来生命扩展的可能性，这个可能性正是一切浪漫的基础。

四一、就某种意义而言，希望即一个人的潜力。当他实现了这个潜力，他的希望便随之彻底破灭。

四二、人通常为潜在的各种可能性而激动，而已有的现实性只是让人乏味。

四三、人以一个欲望和一个自我活着。欲望一路乞讨，自我则沿街叫卖。

四四、人都是因为有太多的欲望而变得面目猥琐。

四五、我们追求的是一个结果，得到的却是某种后果。没有比欲望更错误百出的了，也没有比野心更大的肇事者。

四六、一个人的不满足并不会被他的成功和富有所喂饱，相反，那些成功和富有的人更容易感觉到自己的不满足，这就像一个胃口被撑大的人更容易感到饥饿一样。

四七、人无法保持静止。欲望之风，使他一直在过去和未来之间摇曳。

四八、欲望本身是污浊的，它喜爱和追逐的也都是那些污秽的东西。因为这个缘故，欲望从来不会对纯净的东西感兴趣。

四九、欲望永远是肤浅的，因为它总是在追求表面的东西。欲望也是粗鄙的，因为它追求的不过就是肠胃的那种饱胀效果，它完全不懂真正的营养是什么。

五〇、欲望的受挫是痛苦，欲望的满足是快乐，欲望的消失是极乐。

五一、向外的欲求不仅经常性地遭到挫折，受辱对它来说也是家常便饭。

五二、欲望的受挫让一个人常常处于痛苦之中。但是，当一个人最终看清了欲望本身的徒劳无益，并且认识到痛苦是欲望的必然命运，那么他就会对自己的人生感到忧伤。

五三、人的欲望在这个世界上制造出了无数的笑话，而智慧就是在旁边看笑话的。这个人生，不过就是让我们去好好看看自己有多蠢，大自然创造了人类，也许就是想看看人类的滑稽剧。

五四、欲望和苦恼这两样东西，就是一个人不能安于自身的全部原因。欲望驱使一个人主动出击，苦恼又迫使他向外逃窜。

五五、我们也许知道下一步的目标是什么，但很少有人了解他这一生的最终目标是什么。没有对自己欲望的觉知和醒悟，人的一生就只是在欲望这个狱卒不断驱使和鞭打下的终身苦役。

五六、如果一个人欠缺内在的质量，那么他就会倾向于以外在数量的增长来作为替代，贪婪就是这样产生的。我们之所以有欲望和贪婪，正是因为我们的内在欠缺某种品质。一旦我们拥有了那种品质，所有的贪婪和欲望都会消失。

五七、欲望产生了贪恋，贪恋意味着对某种东西或某种关系的依赖，这种依赖产生了对安全感的恐惧，而从恐惧中只会滋生出憎恨和暴力。所以欲望最终必然会演化为愤怒和暴力。

五八、欲望导致我们内在的复杂和混乱。如果我们是宁静的，那么一切都会变得清晰。

五九、欲望使你离开你的真实本性，你的本性是一种存在，而不是成为；你的本性是一种放松，而不是一种紧张。另一方面，欲望使你离开此时此地，进入一个由头脑构筑出来的虚幻世界，而真实的存在就在此时此地。你的本性和此时此地这两样东西才是整个存在中最真实的，和不真实的东西在一起，你就会受苦。所以每当我们欲求什么的时候，每当我们在头脑里谋划什么的时候，我们总会感到一种紧张和焦灼，甚至有一种被挤压和撕扯的感觉。欲望就是这样把人引向地狱的。

六〇、眼睛聚焦，我们才能看清楚一个东西；意识聚焦，我们才能思考一个东西。这两种情况都让我们产生紧张和疲劳，因为它们都是欲求的过程。如果没有欲求，你就不会想要把一个东西看得那么清楚，甚至连看都不需要，思考也与此类似。

六一、欲望指向未来，我们的兴趣一直停留在未来的目标和结果上面，因为这个缘故，当下这一刻，此时此地就被空洞化了。这就是我们常常感到空虚和无聊的真正原因。

六二、欲望的本质就是它永远无法被满足，追随欲望就等于踏上一条不归之路。

六三、欲望是指向目标的，但是它自己却从来不会停留在目标上，这注定是一场令人绝望的追逐。

六四、欲望永远跑在你的前面，你永远都不可能追上它。如果你在后面快追，它就在前面快跑，如果你慢下来，它也慢下来，但它总是超前你一个身位，你会觉得它是触手可及的，但实际上它是遥不可及的。

六五、欲望就像毒品一样，除了给你制造出幻觉外，别无其他。只是毒品制造出来的幻觉是短暂的，但是欲望制造出来的幻觉却可以持续笼罩你的一生。

六六、所有的问题都来自头脑，所以头脑是唯一的问题。而头脑是受欲望驱动的，所以欲望是所有问题的根源。

六七、头脑就像一个锅炉房，欲望就是燃料，思想就是燃烧的过程，而我们就是那个烧锅炉的。

六八、欲望是我们的唯一枷锁，我们都是自己捆绑了自己。

六九、这个世界，对欲望来说，它是极度的空虚，对无欲来说，它是极度的丰盛。

七〇、欲望是盲目的，它对于自己没有认识力。即使我们那微弱的智力，也只是用来充当欲望的辅助工具，为欲望提供照明之用。但任何事物中都蕴藏着自我毁灭的种子，当一个生命的智力发展到某个高度，那么这个智力不仅照亮了欲望的客体，还同时照亮了欲望这个主体，当这个智力看清了欲望本身的盲目、荒谬以及它所产生出来的痛苦，那时欲望本身的末日就为期不远了。

七一、欲望总是在追求单方面的东西，但任何东西都是和它相反的东西粘在一起的，它们就像一个硬币的正面和反面，就像白天和黑夜总是交替出现。这个世界的一切事情都是以一种圆周的方式在循环，像生老病死、喜怒哀乐、悲欢离合以及得失成败等等。如果我们执着于一极，那么我们迟早会被相反的那一极所捕获。欲望看不到这一点，那就是为什么每个欲望最后都无一例外地遭到挫折。

所以，无论我们追求什么，我们所追求的那个东西的相反之物就隐藏在它的背后，那个相反之物迟早会来临。

七二、欲望的寂灭不是通过严厉的苦行，也不是通过刻意地去抑制欲望，而是通过智慧的成长。当你的智慧成长到能够完全看清欲望的愚蠢、荒谬以及它所带来的极度痛苦，当这个看变得越来越清晰，越来越透彻，突然，欲望自己就脱落了。

七三、欲望使人坚硬，寡欲使人柔软，无欲使人溶解。

七四、欲望通向死亡之路，无欲则进入永恒之门。

卷十二

每当一个社会变得浮躁和狂热，肤浅平庸的东西就会广受人们追捧。狂风大作的时候，垃圾就趁机飞上了天。

一、追求物质和欲望的人通常不会承认精神和灵性世界里的伟大人物，而追求精神和灵性的人也不认可物质和欲望世界里的成就者。总之，他们两者都各有各的崇拜者。

二、高雅的事物在这个世界上很难传播，因为它在人群中没有基础。而粗俗的东西却传导性能极佳，它们几乎是超导的。

三、物质上的奢华，庸俗的人把它看成高雅，高雅的人把它看成庸俗。

四、一个人走得越高，就会被越多的人所误解。一个真诚趋向于真理的人，他在世人眼中将变得越来越不可理喻，因为世人就是荒谬的代名词。

五、弱者被人们同情，强者被人们羡慕，智者被人们曲解。

六、单个人的自恋在其他人眼里是一件羞耻的事，集体、团队和种族的自恋反而是一种荣誉。

七、越是人多的社交场合，人与人之间就越是不可能产生真正的交流，有的只是面具与面具之间的周旋，有的只是自我的炫耀和宣泄。所以当很多人围坐在一起饮酒进餐的时候，人们看上去好像是在热烈地讨论着什么，但他们之间其实并没有在交流和沟通，他们都只是在向外扔东西。生理上他们是在进食，心理上却在向外排泄。

八、那些庸俗的社交聚会并不会比一个公共浴池好多少，至少那个气味是相似的，只不过人们没有脱掉衣服就直接在那里洗了。

九、我们的内在都太单调了，只有那么几个枯燥的声音，所以我们热衷于与别人交往。尽管别人也与我们类似，但是当很多人在一起，声音的数量和种类似乎因此而变得丰富了，并且产生出一些新的和声与混响，好像有什么音乐在进行着的感觉。不过，真正的旋律还是不存在。

一〇、人们追求共鸣，即使是那些很低层次的共鸣。因为透过共鸣，首先他们确认了自己，其次他们又从自我的扩张中感觉到一种力量。

从低级的共鸣中产生的响应是巨大的，那几乎是轰鸣。高级的共鸣却只发出很小的声音，甚至只是一片寂静。

一一、与自己时代的趣味息息相关的事物，也会与自己的时代一起消亡。而那些不符合自己时代的事物，要么就是过于迂腐落伍而被时代淘汰，要么就是过于超凡卓越而远远地超越了自己的时代，从而将自己那个时代淘汰。

一二、每当一个社会变得浮躁和狂热，肤浅平庸的东西就会广受人们追捧。狂风大作的时候，垃圾就趁机飞上了天。

一三、不管个人还是一个时代，人们对那些真正的智慧和永恒性的事物几乎是没有认识力的。每个时代最感兴趣的永远是那些刚好反映了自己那个时代气息的事物，正如每个人最感兴趣的是与自己的切身利益密切相关的东西。

一四、公众没有自己的判断力，尤其是对那些高贵和有价值的事物。除非那些事物被权威认定并且被作为经典确立下来，否则，他们不会承认那些事物。公众不认识智慧，但他们认识权威。

一五、越是伟大的成就，就越是很迟才会被世人发现和认识。而微不足道的成就很快就会在公众那里获得一致通过。

一六、当所有的人都朝着一个方向运动，那个声势是那么浩大和壮观，即使一个人自己不想走，也会被置身于其中的人潮推着走。在这样的洪流当中，谁会去怀疑这个方向是错的呢？

一七、为了顾及自己的面子，人们常常极为勉强地在那里硬撑，直到把面子彻底撑破为止。

　　一八、爱看热闹，这是平庸之辈最显著的一个共同特点，就像一个什么协会的会员共同佩戴的胸章一样。只要周围发生一点什么事情，这些人无须任何号令和通知就能聚到一块儿。

　　一九、常常有这样的现象，一个很早就创造出非凡作品的人，当他出名后反而变得平庸无奇，就好像他所有的才气和灵感都蒸发掉了。也常常有这样的现象，一处不为人知的奇异风光被少数人发现后，逐渐变成了一个著名的风景区，从此，这里原来那种引人入胜的优美就消失了。

　　二〇、风景是一种看得见却摸不到的东西，它是一种溶解在自然整体中的东西，这就是它的美。比风景更微妙的是境界，它是一种你能够感受到却看不见的东西，它甚至无法被描述。而且，只有当一个人自己达到了某种高度，那个境界才能够被领会，这就是它的深奥。

　　二一、一个稍微高于世俗的人，他对于世俗的主要态度是轻蔑和嘲笑。再高一些的人，他将会对世俗感到陌生和惊诧。更高的人，他将会大笑，就好像他看到了一个天大的笑话。而最高的人，一方面他感觉到这个世界的荒唐可笑，另一方面，他又对这个世界充满了悲悯之心，当可笑、悲悯还有他自身源源不断涌出的喜乐合成在一起，就产生了微笑。所以，一个最高的人总是像佛陀那样在微笑。

二二、很多的美只是一种短暂的幻觉，这种幻觉出自我们对它的陌生和神秘感，一旦距离被拉近，一旦我们完全熟悉了它，所有的美都消失了。

二三、即使再美的人和物，如果它一直横亘在你面前，也会遮住你全部的视线，你迟早会觉得不舒服。

二四、敌人是远距离的，爱人是近距离的，甚至是零距离的，这个近距离使得爱人也逐渐演变成敌人，只有朋友之间的距离不远不近，恰到好处。

二五、如果一个人得到了一个外表美丽的事物，当他打开后发现里面只是砖头瓦块而已，不过，如果紧接着没有蝎子、蜈蚣和蜘蛛从里面爬出来，那么他就已经足够的幸运了。

二六、美丽的风景只能在远处静静地欣赏，但如果你走进去，原来那种整体的美将会消失，你看到的只是一些碎片。这个世界大部分的事物都与此类似。

二七、如果清高是指置身于清凉的高处，那有什么不对吗？人是应该有一点傲气的，这至少能够让我们免于媚俗。

二八、井底之蛙坐井观天，那也是了不起的一种定力。

二九、人都是自己制造出灰尘，然后又自己全部受用。泥鳅在浑水中打滚，人在烦恼中扑腾。

三〇、没有比亲眼看到动物交媾的场面更让我们感到羞愧的了。因为从它们身上，我们看到了自己，一个被丑化了的自己。

三一、除非我们内在的主要潜力得到实现，否则我们的生命不会有真正的喜乐，堆积东西是没有用的，那只会把我们和我们的潜力一起埋葬。

世人普遍把堆积东西当作了一种成就，他们把从这个世界上得来的东西堆成了一座山，堆得越高就越有成就。然后他们就可以得意地坐镇山顶，插上胜利的旗帜并且向众人呐喊：看哪，我在这儿哪！

三二、人喜欢让别人看看他拥有些什么，这样他的生命就变成了一个橱窗展示。人也喜欢让别人知道他有什么样的能耐，这样他的生活又变成了一场马戏表演。

三三、人们基本上是为肉体和虚荣心而活着，但这是潮流，只有置身于潮流之外的人才能回归真实的自己，重新获得自由和宁静。

三四、对于太过富有的人来说，慈善行动又何尝不是一种消费，一种体面而高尚的消费。

三五、无论当初多么纯粹和美好的事物，只要功利和虚荣蹑手蹑脚地潜入其中，那个事物很快就会变得污秽不堪、臭气熏天。

三六、一个恶，它最好的命运就是有朝一日被正义堵住去路。不过，通常在这之前，这个恶就已经被一个更大的恶所宰杀。

三七、现在的时尚几乎已经成了一种宗教，一个没有教主而只有追随者的宗教。

三八、时尚总是与平庸、物欲和虚荣这三个要素密切相关，简言之，时尚就是平庸的物欲所表现出来的一种虚荣心。

三九、流行时尚是那些肤浅和鄙陋的东西企图赋予自己崇高地位的加冕仪式。但每个时尚在王位上都待不了多久，很快就会有一个更新的时尚篡权取代了它。

四〇、真正高尚的事物就像恒星，它们固定在苍穹之上，散发着一种永恒的光芒。而时尚的东西就像流星，流星是不会自己发光的，它们只能借助与大气的摩擦发出短暂而耀眼的光亮，然后又很快坠入一片黑暗。尽管这样，人们似乎还是比较偏爱流星，这也许是流星与我们的生命更加相似的缘故吧。

四一、每个时代的大众，都为自己那个时代的众多流星而喝彩欢呼。与此同时，每个时代中也总有少数的人，他们一直怀着崇敬之情，静静地注视着那少数悬挂在遥远天际却照亮了所有时代的恒星。

四二、时尚的唯一使命似乎就是为了引发人们一时的关注，并且在人群中掀起一阵短暂的喧哗和骚动，它全部的生命都寓于它招摇过市的那几步路当中。

四三、流行时尚代表了那个时期公众的平均趣味，它不可能很高。它只是在公众一时的炒作和抬举下获得了一种暂时的高度，一旦人们厌倦了它，它马上就从那个高度上跌落。从根本上说，流行时尚从来就不具有像艺术那样的一种内在高度，否则，它就能够自己上升到天空中的某个高度，悬浮在那里，并且永远供后人仰望了。

四四、时尚和艺术的根本区别在于时尚只与人的意欲关联，而艺术与人内在的智慧和灵魂关联。而多数人只有意欲，少有智慧。这就是时尚能够流行而艺术永远无法大众化的主要原因。

四五、时尚是平庸的人所标榜的高雅之物，也是平庸之辈所能理解的高雅的极致。不过，和艺术的真正高雅相比，时尚连它的脚还没有摸到。

四六、流行和时髦的东西后来大都被证明是愚蠢的，但追逐时髦的人也有他们的聪明之处，他们都很明智地从一个即将过气的时尚中适时而退，再迁徙到一个新的时尚当中，就像候鸟一样。

四七、时尚本质上就是对粗俗鄙陋的东西所做的永无休止的整容手术，以便于人们可以体面高雅地享受粗俗。这真是妙不可言。

四八、每个时代都被自己那个时期貌似高雅的流行元素充斥和笼罩着，与此同时，每个时代又总是与它自己最伟大的天才擦肩而过，这几乎已经成为一个惯例。

四九、当一个社会完全陶醉在时尚当中，那些真正高贵伟大的事物就逐渐淡出了人们的视野，人们甚至会怀疑那些东西是否真的存在过。如果天空长时间完全被乌云笼罩，人们会慢慢地认为那些云就是天空的全部，他们不相信云之上还有一片湛蓝纯净的天空存在着。

五〇、在痛苦中感到悲观是很平常的事，但只有当你在享乐中仍然感到悲观，你的悲观才会成为你的超越。

五一、在黑暗中去探求光明，乐观是需要的。当光明探照到一片黑暗，难免不感到悲观，不是为自己，而是为黑暗。

五二、如果一个人有精明的头脑，他就很难有清明的心灵。

五三、洞察力和敏感度来自内在的清晰，而麻木迟钝则是内在混乱的产物。

五四、真正的美德不仅必然包含着纯真至善的品质，它甚至还会表现出诗意和艺术的美感。

五五、向外，一个人能够知道存在的广度，向内，一个人能够知道存在的深度。

五六、人越不了解自己，他对外面的世界就越有好奇心。好奇心是一种逃避，它是我们对自己本质无知的最大逃避。

五七、局部不可能是完美的，只有整体是完美的。也许，自然风景的美就在于它的整体感。

五八、多数人所认同的事物往往价值很小，而价值极大的事物却只被极少数人所领悟。这是人类认知领域的动量守恒定律。

五九、如果一个人真的要了解世界是什么，他不需要去穿越整个世界，他只要去穿透他自己。

六〇、在整个存在之中，除了人类之外，几乎没有什么东西是匆匆忙忙的。只有我们人类一直在赶路，赶往未来。

六一、仰望开放的天空，那一尘不染的蓝天，你似乎看到了一切，但是又没有具体的东西可以看到。

六二、时间经常会犯老花眼或远视眼的毛病，它常常看不清近处的东西，却看得清远处的事物，而且越远处的东西就看得越清楚。不过就长期而言，其他东西都可能会出错，只有时间是不会错的。时间就像一条公正的河流，不管一个东西最终被它沉没还是被它托起，都是对那个事物本身最公正的审判。

错误的东西只有借着相互的重叠和践踏才得以短暂地冒出水面，因为它们自身没有浮力。相反，真理却常常被错误的东西长时间地压在身下，但是时间的河流或急或缓，终有一天将这种结构冲垮，于是真理借着自己的浮力浮上水面。

真理一旦浮上水面就永远在水面上了，那些一直企图压制它的力量再也无法触及它。

六三、适度的骄傲是天才的特权。在众多的矮房子面前，一栋高耸的大厦只要略微点头示意就可以了，如果要求它弯下腰来鞠躬，那就太过分了。

六四、整个历史就像是一个病人的病历，它记录了人性中的贪婪、残暴和疯狂，以及这些人性特质爆发出来后所产生的种种后果。

六五、正如火山、洪水和泥石流会侵蚀地形地貌，同样地，像愤怒、憎恨、贪欲和嫉妒等等这些强烈而狂暴的情绪也会在一个人的脸上逐渐刻下经久不退的印痕。

六六、一只被关在笼子里的小鸟，它一定会经常想念天空的自由。两只一起被关进笼子里的小鸟，不久它们就忘掉了天空。

六七、如果要完全看清一个层面的东西，隔开一定的距离也许还不够，甚至必须要错开到另一个层面上。然后，这两个层面就犹如两块不同的镜片，可以起到放大和显微的作用，于是一切都尽览无遗。